ABHANDLUNGEN DER DEUTSCHEN AKADEMIE
DER WISSENSCHAFTEN ZU BERLIN

Klasse für Mathematik, Physik und Technik
Jahrgang 1957, Nr. 1

WALTER CHRISTIAN

ÜBER DEN STAND UND DIE PROBLEME DES KOLBENVERDICHTERBAUS

WERNER POHLENZ

KONSTRUKTIVE ENTWICKLUNG DER KOLBENDAMPFMASCHINE AUF IHREN HAUPTANWENDUNGSGEBIETEN IN DEN LETZTEN ZEHN JAHREN

Mitteilungen der Sektion für Maschinenbau

AKADEMIE-VERLAG · BERLIN
1958

Vorgetragen auf der 9. Sitzung 1956 der Sektion für Maschinenbau am 14. 11. 1956 und auf der 10. Sitzung 1956 der Sektion für Maschinenbau am 28. 11. 1956
Vorgelegt von Hrn. Jante in der Gesamtsitzung vom 24. Januar 1957
Zum Druck genehmigt am gleichen Tage, ausgegeben am 10. Juli 1958

Erschienen im Akademie-Verlag GmbH, Berlin W 8, Mohrenstraße 39
Lizenz-Nr. 202 · 100/70/58
Satz, Druck und Einband: Druckhaus „Maxim Gorki", Altenburg
Bestell- und Verlagsnummer: 2001/57/I/1
Preis: DM 16,50
Printed in Germany

INHALTSVERZEICHNIS

W. Christian

Über den Stand und die Probleme des Kolbenverdichterbaues

Vor Beginn meiner Ausführungen möchte ich darauf hinweisen, daß der Umfang und die Problematik dieses Gebietes klein ist im Verhältnis zu den Gebieten, über welche schon berichtet wurde oder noch zu berichten ist. Wenn ich nur einmal den Verbrennungsmotorenbau dazu vergleiche, so ist neben den höheren Ansprüchen konstruktiver Art, z. B. hinsichtlich Baugewicht und Bauform, allein die Verbrennung, angefangen von der Gemischbildung bis zum Ladungswechsel, ein Problemkomplex, den der Kolbenverdichterbau nicht aufzuweisen hat. Das erkennt man auch sehr deutlich, wenn man allein den Umfang der Fachliteratur des Kolbenverdichterbaues mit dem anderer Fachgebiete vergleicht. Aber gerade diese Tatsache hat dazu geführt, daß die vorhandenen Probleme von der Forschung nur wenig, sozusagen am Rande beachtet wurden und die Entwicklung und Fertigung meist nur empirisch vorangetrieben wurde. Dies ist naturgemäß auch bedingt durch den wesentlich kleineren Produktionsumfang, im Vergleich etwa zum Motorenbau.

Damit will ich aber nicht sagen, daß der Kolbenverdichterbau wirtschaftlich von untergeordneter Bedeutung sei und keine Probleme aufweist. Seine Entwicklung ist aber im wesentlichen als abgeschlossen anzusehen, wenn man von Sonderzwecken und -bauformen absieht.

Andererseits ist festzustellen, daß dieses Gebiet des Maschinenbaues, wenn man unter „Verdichter" alle gasfördernden Maschinen versteht, außerordentlich vielseitig und umfassend ist. Es erstreckt sich von Vakuen von einigen 10^{-6} Torr bis zu Höchstdrücken von über 1000 atü, von kleinsten Lieferströmen bis zu 20000 bis 30000 m^3h und von Antriebsleistungen von wenigen PS bis zu 5000 bis 6000 PS.

ZUSTAND DES VERDICHTUNGSBAUES VOR UND NACH DEM KRIEGE

Der Kolbenverdichterbau, besonders der Groß- und Hochdruckverdichterbau Deutschlands, stand vor dem Zusammenbruch am Ende des zweiten Weltkrieges in der Welt an der Spitze der Leistungsfähigkeit und der Entwicklung. Das war bedingt durch die starke Entwicklung des Bergbaues, der Ferngasversorgung sowie besonders der chemischen Industrie, welche für den Ausbau der Stickstoffanlagen nach dem ersten Weltkrieg sowie der Benzinsynthese bis und während des zweiten Weltkrieges die Entwicklung großer Einheiten bis zu Drücken von rd. 1000 atü erforderte. Als Exportländer wurden von der deutschen Kompressorenindustrie vorwiegend beliefert Frankreich, Holland, Rußland, Ungarn, Rumänien und im Fernen Osten China und Japan. Nur als Beispiel hierfür mag erwähnt werden, daß es noch möglich war, im Herbst 1944 innerhalb 3 Monate eine große Zahl von Hochdruckluftverdichtern zu fertigen für die Luftzerlegungsanlagen, die zur Erprobung und den Einsatz der V-Waffen benötigt wurden.

Die größten Firmen, die solche Maschinen bauten, waren:

Demag-Duisburg,
Maschinenfabrik Eßlingen in Eßlingen
Ehrhardt & Sehmer in Saarbrücken,
Halberg-Sulzer in Mannheim,
Rheinmetall-Borsig in Berlin-Tegel,
Schwarzkopf in Wildau bei Berlin.

Diese Firmen hatten für den Bau der Hydrieranlagen auf Veranlassung und Unterstützung der chemischen Industrie, insbesondere der Brabag, einheitliche Konstruktionen entwickelt, die von allen in gleicher Ausführung gefertigt wurden.

Daneben sind an größeren Firmen noch zu nennen:

Maschinenfabrik Sürth in Sürth bei Köln (Linde-K.),
Frankfurter Maschinenbau AG, vormals Pokorny & Wittekind (FMA) in Frankfurt-Main,
Neumann & Esser,
Zwickauer Maschinenfabrik,
Maschinenfabrik Wurzen,
Flottmann in Herne,
Knorr-Bremse in Berlin,
Meer in Mönchen-Gladbach,
Dehne in Halle.

Das Schwergewicht dieser Firmen lag jedoch mehr auf dem Gebiet der kleineren und mittleren Leistungen.

Die Fertigungsbasis der großen Firmen war teilweise so breit, daß sämtliche Guß- und Schmiedestücke im eigenen Hause hergestellt wurden mit Ausnahme der Bleche und Böden für die Behälter und die ausgesprochenen Spezialteile der Zubringerindustrie wie Kolbenringe, Druckschmierer, Stopfbuchsen sowie Armaturen und Meßgeräte.

Wichtig und auch für die Situation nach Kriegsende in der Deutschen Demokratischen Republik entscheidend war die Tatsache, daß ein sehr großer Teil der Ventile für die gesamte Kompressorenindustrie und der gesamte Bedarf der Ventilplatten von einigen Spezialfirmen gedeckt wurde. Hier sind zu nennen die Firmen:

Hoerbiger & Co. in Wien,
Ibach in Remscheid,
Dines in Köln.

Von den genannten Firmen ist die größte auf dem Gebiet der Republik die **Zwickauer Maschinenfabrik**; Schwarzkopf wurde demontiert und Borsig liegt im französischen Sektor von Berlin.

Sehr störend wirkte sich für den Aufbau einer leistungsfähigen Kompressorenindustrie die Tatsache aus, daß eine Fertigungsmöglichkeit für Ventilplatten und Ventile in größerem Umfang nicht bestand und auch das Ausgangsmaterial (zähhartes Stahlblech) zunächst nur durch Import zu beschaffen war. Es ist festzustellen, daß diese Schwierigkeiten z. T. heute noch nicht behoben sind und erhebliche Devisen für den Import von Ventilplattenstahl erforderlich sind. Ähnlich lag die Situation auf dem Gebiet der Metallstopfbuchsen, bei denen ein Nachbau jedoch schneller möglich ist. Die heutige Situation auf dem Gebiet der DDR ist folgende:

Der größte Teil, jedoch nicht alle der Kompressorenfirmen der volkseigenen Industrie sind der HV 8 des Ministeriums für Schwermaschinenbau unterstellt und in der Fachgruppe

Pumpen und Verdichter zusammengefaßt. Der HV 8 nicht unterstellt sind die Kältemaschinenindustrie (Kaltdampfverdichter), die dem Chemiesektor zugeordnete Maschinenfabrik Wurzen (Gasverdichter, O_2-Verdichter, Spezialverdichter) und das aus der Knorr-Bremse (früher SAG) stammende VEB Berliner Bremsenwerk, das vorwiegend Kleinverdichter für die Schienenfahrzeug-Industrie produziert und dem entsprechenden Ministerium angehört.

Die Betriebe, die der HV 8 zur Zeit unterstehen, sind im wesentlichen:

Abb. 1. Längsschnitt durch einen einstufigen 4-Kurbel-Verdichter Type MV der FMA.

1. Großmaschinen:

VEB MASCHINENBAU HALBERSTADT, eine nach dem Kriege auf dem Gelände eines ehemaligen Kriegsbetriebes aufgebaute Produktionsstätte, die außerdem noch Großdieselmotoren für den Schiffbau fertigt.

2. Mittelgroße Verdichter sowie auch fahrbare Anlagen:

VEB ZWICKAUER MASCHINENFABRIK.

3. Kleinverdichter:

VEB GERAER KOMPRESSORWERK, das aus der früheren Firma Leo, Kompressorenbau, die einen guten Namen hatte, hervorgegangen ist. Neben dem Maschinenbau Halberstadt sind in größerem Umfang auch Maschinen im Werk Bergmann-Borsig hergestellt worden.

Rotierende Verdichter nach dem Verdrängerprinzip, und zwar Vielzellenverdichter (Bauart Wittig), Wasserringpumpen sowie Kapselgebläse (Bauart Enke und Roots), werden gefertigt durch den Kompressorenbau Bannewitz sowie Pumpen- und Gebläsewerk Leipzig (vormals Jäger & Co.).

Für die Entwicklung des von diesen Firmen umfaß-

Abb. 2. Anordnung von vier stehenden zweistufigen 4-Kurbel-Verdichtern Type SV 418 der FMA.

Mit Genehmigung der Fa. FMA/POKORNY, Frankfurter Maschinenbau A-G.. Frankfurt/Main

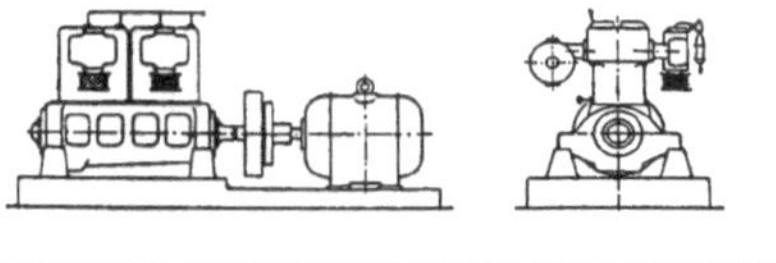

	M-Typen -einstufig-										
Type	ME 313	MZ 113	MZ 313	MZ 416	MZ 418	MD 416	MD 418	MV 418	MD 628	MD 633	MV 633
Zylinder-φ mm	1×135	2×135	2×135	2×160	2×180	3×160	3×180	4×180	3×280	3×330	4×330
Hub mm	135	100	135	150	150	150	150	150	200	200	200
Drehzahl Minute	1000	1000	1000	1000	1000	1000	1000	1000	750	750	750
Enddruck p_{max} atü	7	7	7	6	6	6	6	6	4	3	3
Ansaugmenge. m³/h	90	126	180	287	315	430	470	625	1340	1980	2630
Leistungsbed. a. Kuppl. PS	13,2	18,9	26,4	37,3	43	56,2	64,6	86	144	186	248

	S-Typen -zweistufig-							
Type	SZ 316	SZ 418	SD 316	SD 418	SV 418	SD 628	SD 633	SV 633
Zylinder-φ mm	1×150 1×105	1×180 1×110	2×160 1×135	2×180 1×150	3×180 1×160	2×280 1×235	2×330 1×235	3×330 1×280
Hub mm	135	150	135	150	150	200	200	200
Drehzahl Minute	1000	1000	1000	1000	1000	750	750	750
Enddruck p_{max} atü	10	10	10	10	10	10	10	10
Ansaugmenge. m³/h	138	195	280	396	546	945	1350	1960
Leistungsbed. a. Kuppl. PS	21,1	29,4	42,1	59,4	84	142	201	293

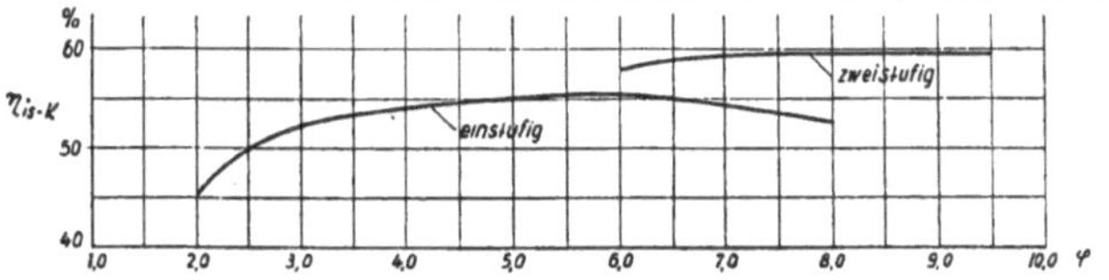

Abb. 3. Schema, Leistungsdaten und Wirkungsgrad stehender schnelllaufender ein- und zweistufiger Verdichter Type M u. S der FMA.

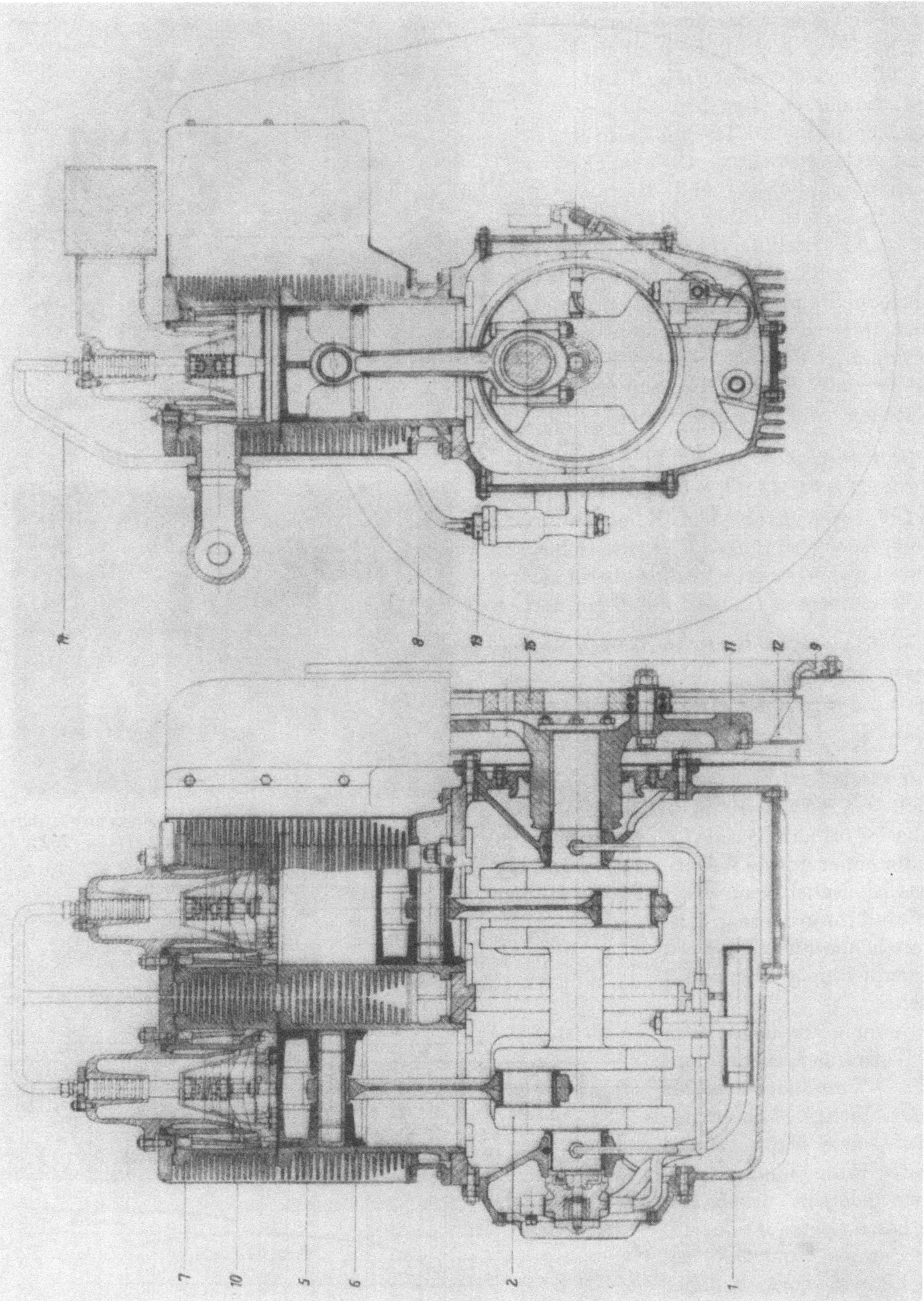

Abb. 4. Stehender einstufiger luftgekühlter Verdichter Type 301 des VEB Zwickauer Maschinenfabrik (Längsschnitt).

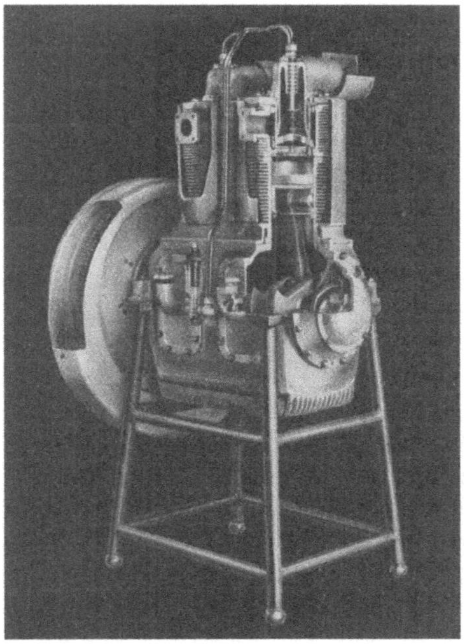

Abb. 5. Stehender einstufiger luftgekühlter Verdichter Type 301 der VEB Zwickauer Maschinenfabrik (Ansicht eines Schnittmodells).

Abb. 6. Stehender zweistufiger luftgekühlter Verdichter Type 311 des VEB Zwickauer Maschinenfabrik (Ansicht).

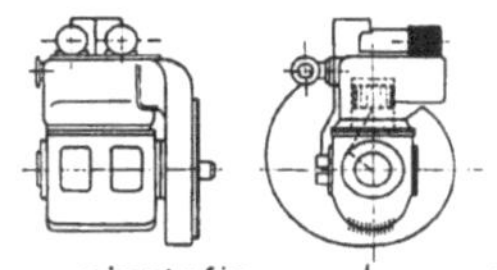

	einstufig				zweistufig			
Type	303	301	304	302	313	311	314	312
Zylinder-ϕ mm	2×140	2×170	4×140	4×170	200/100	236/118	2× 200/100	2× 236/118
Hub mm	140	140	140	140	140	140	140	140
Drehzahl U/min	960	960	960	960	960	960	960	960
Enddruck $p_{max.}$ atü	- 6 -				- 10 -			
Liefermenge m³/h	180	240	360	480	200	280	400	560
Leistungsbedarf PS	29	38	57	79	36	50	71	100
η_{is-K}					~ 0,5			

Abb. 7. Schema und Leistungsdaten ein- und zweistufiger luftgekühlter schnellaufender Verdichter Type 300 des VEB Zwickauer Maschinenfabrik.

ten Fertigungsbereiches sind zwei Konstruktions- und Entwicklungsstellen maßgebend:

a) Klein- und Mittelverdichter bis ca. 500 mm Hub:

KEB ZWICKAU;

b) Großverdichter ab 500 mm Hub sowie große stehende Verdichter ab 400 mm Hub:

KEB BERLIN.

Für *rotierende Kolbenverdichter* ist das speziell dem Turboverdichterbau zugeordnete KEB LEIPZIG verantwortlich.

Der Stand der Entwicklung im großen Maßstab, besonders in Westdeutschland und in der DDR, ist etwa folgender, wobei zwischen folgenden Gruppen unterschieden werden muß:

I. Schnellaufende Kleinverdichter,

II. mittelgroße Verdichter,

III. Großverdichter.

I. Schnellaufende Kleinverdichter für Förderströme von 300 bis 600 m³/h entsprechend 0,05 bis rd. 10 m³/min, ein- bis dreistufig auf 10 bis 64 atü.

Hierzu gehören auch die Kleinstverdichter für die verschiedensten Zwecke der Druckluftanwendung mit sehr verschiedenen Drücken wie Bremsanlagen, Farbspritzanlagen, Druckluftschalter, Anfahrkompressoren für Großdiesel, hydraulische Speicheranlagen u. a.

Wichtiger ist die Gruppe der schnellaufenden ein- und zweistufigen Verdichter für stationäre Zwecke, besonders für Bauzwecke und Betrieb von Preßluftwerkzeugen mit einer Leistung von etwa 2 bis 10 m^3/min = 120 bis 600 m^3/h, und Drücke von 5 bis 10 atü.

Ein typischer Vertreter dieser Gruppe ist der schon lange von der FMA gebaute stehende wassergekühlte Verdichter in Reihenbauart (Type M und S).

Diese Maschinengruppe hat nicht nur zahlenmäßig, sondern auch wertmäßig einen erheblichen Anteil an der Gesamtproduktion der Verdichterindustrie. Ich schätze, daß der Wert dieser Gruppe etwa die Hälfte der Gesamtproduktion beträgt. Diese Maschinen sind in ihrer Auslegung und Entwicklung stark vom Verbrennungsmotorenbau beeinflußt. Das Hauptziel ist die Herabsetzung des Gewichts und der Gestehungskosten zu Lasten des Wirkungsgrades. Die Mittel dazu sind hohe Drehzahlen von 750, 1000 und 1500/min bei mittleren Kolbengeschwindigkeiten bis zu 5 m/s, Aufteilung des Hubvolumens in mehrere Zylinder mit möglichst gleichem Durchmesser, Tauchkolben, da meist Luft gefördert wird, sowie Baukastenprinzip bei Aufteilung des gesamten Leistungsbereichs. Wie Sie aus den angegebenen Daten ersehen, werden die im Fahrzeugmotorenbau üblichen Werte der Drehzahlen und auch mittleren Kolbengeschwindigkeiten nicht erreicht. Die Gründe hierzu sind nicht nur die Anforderungen an eine längere Lebensdauer, sondern die Tatsache, daß die Drehzahl nach oben durch die Saug- und Druckventile auf z. Z. 1500/min begrenzt ist, sowie durch die Notwendigkeit, einen genügenden Ventilquerschnitt unterzubringen. Das Verhältnis D/s wird daher für die erste Stufe mit 1,4 bis 1,6 hoch gewählt, d. h. man wählt große Zylinderdurchmesser, um Platz für die Ventile zu erhalten. Bei doppeltwirkenden Zylindern der größeren Maschinen geht man sogar auf Werte von 2 bis 2,5. Da besonders diese Maschinen bis zu einer Leistung von ca. 500 m^3/h oder 8 m^3/min auch fahrbar ausgeführt werden müssen, tritt die Forderung auf ein geringes Gewicht und eine kurze Baulänge besonders hervor und bildet die Ausführung der Kühlung und des Antriebes weitere Varianten. Die Entwicklung geht von der Wasserkühlung oder, besser gesagt, der indirekten Luftkühlung zur unmittelbaren Luftkühlung, die auch für stationäre Anlagen dieser Größe angewendet wird, da sie die Beschaffung und Kosten des Kühlwassers sowie die Gefahr von Frostschäden im Winter vermeidet. Ein luftgekühlter Verdichter in ein- und zweistufiger Bauart wurde nach dem Kriege in Zwickau entwickelt und wird auch z. Z. noch in Stückzahlen von etwa 1000 Stck. pro Jahr gebaut. Es handelt sich um die Typen 301 bis 304 und 311 bis 314.

Die Grenze für die einstufige Verdichtung und der Übergang zu zwei Stufen werden bei den luftgekühlten schnellaufenden Maschinen von den Herstellern verschieden gezogen. Die Grenze ist zunächst von außen gegeben durch die Unfallverhütungs-Vorschriften, die in Westdeutschland bei einstufigen Verdichtern eine höchste Drucktemperatur von 200° C, bei zweistufigen Maschinen von 160° C vorschreiben. In der DDR ist nach der Arbeitsschutzbestimmung 521 bis zur Antriebsleistung von 20 kW eine Temperatur von 200° C an der Maschine und von 160° C im Windkessel zugelassen, eine Bedingung, die z. Z. von einigen Kleinstverdichtern, die meist periodisch auf höhere Enddrücke arbeiten, im Beharrungszustand überschritten wird.

Die Drucktemperatur am Verdichter ist nicht nur bedingt durch die Ansaugetemperatur und das Druckverhältnis, also den Enddruck, sondern auch durch die spezifische Oberfläche des Zylinders und die Intensität der Kühlung. Es gibt nun zwei Richtungen bei der Auslegung luftgekühlter schnellaufender Verdichter.

Eine Bauart versucht durch möglichst enge Berippung des meist in Aluminiumguß ausgeführten Gehäuses und Zwangsführung der Luft mit großer Geschwindigkeit die Grenze zum Übergang zur zweistufigen Bauart soweit wie möglich herauszuschieben. *Vorteile:* geringer Bauaufwand für die eigentliche Maschine, kein Zwischenkühler; *Nachteile:* schwie-

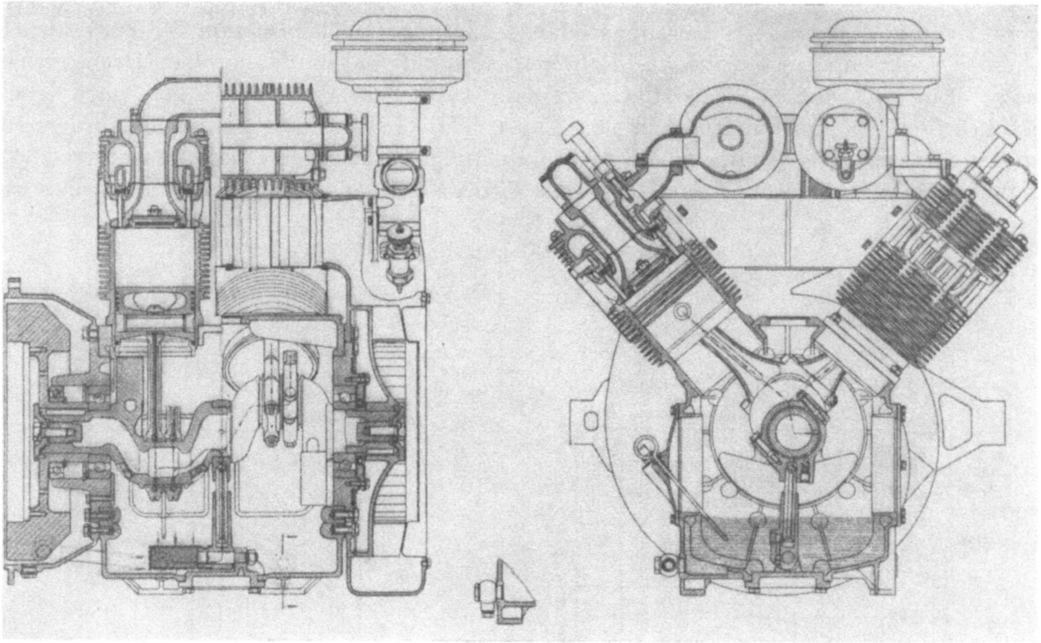

Abb. 8. Schnellaufender einstufiger luftgekühlter Verdichter in V-Anordnung mit besonders intensiver Kühlung der verdichteten Luft der Flottmann-AG., Herne/Westf. 2. Ausführung mit Radial-Lüfter.

Abb. 9. Ansicht eines schnellaufenden einstufigen luftgekühlten Verdichters der Flottmann-AG., Herne/Westf. 1. Ausführung mit Axiallüfter.
Flottmann-Archiv

Abb. 10. Ansicht des Verdichters nach Abb. 8.
Flottmann-Archiv

rigerer Zylinderguß, größerer Leistungsbedarf des Lüfters (100 bis 150 mm WS Förderdruck), höhere Drucktemperatur sowie schlechter Liefergrad wegen des großen Druckverhältnisses. Ein für dieses Konstruktionsprinzip typischer Verdichter, der nach einem ausführlichen Untersuchungsbericht von Leist, TH Aachen, sogar bei einem Förderstrom von 480 m³/h einen Gegendruck von 10 atü einstufig erreicht, ohne die Grenze von 200° C zu überschreiten, ist vor einem Jahr von der Firma Flottmann entwickelt worden. Das wird

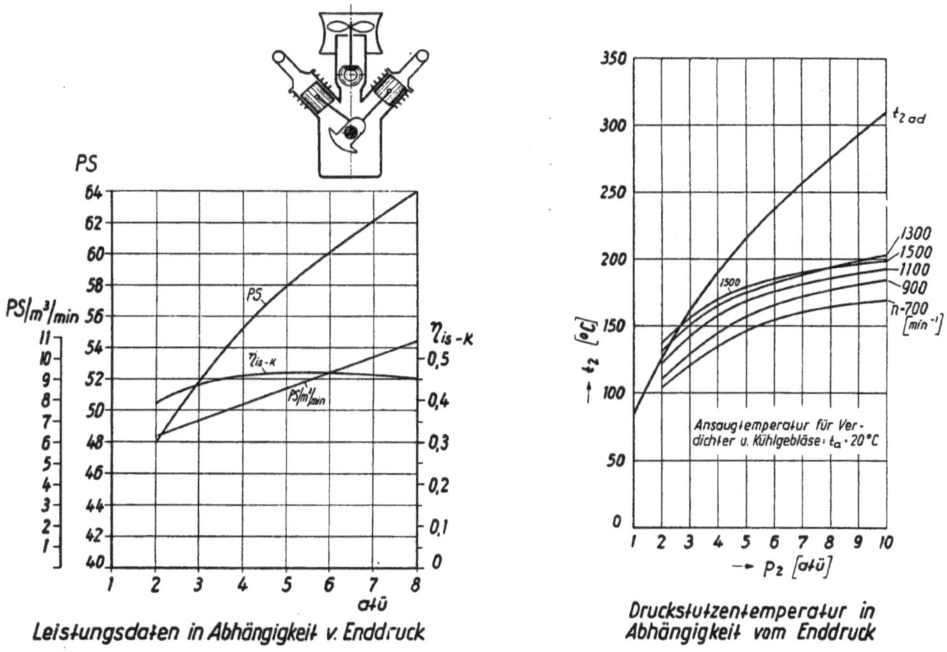

Abb. 11a. und 11b. Leistungsdaten und Druckstutzentemperaturen der Flottmann-Verdichter Type LL und TL nach Versuchen von K. Leist, Aachen.

durch eine besondere Maßnahme erreicht, nämlich die Kühlung der Druckluft auf dem Weg zwischen Zylinder und Druckventil.

Die andere Lösung ist die zweistufige Bauart auch bei mäßigem Druckverhältnis mit einer intensiven Zwischenkühlung, aber mäßigen Zylinderkühlung. Man legt die nur grob verrippten Zylinder in den Abluftstrom eines weit ausgelegten Zwischenkühlers, der durch ein einfaches Axiallüfterrad mit Kühlluft versorgt wird.

Vorteile: einfacher Zylinderguß, keine Verkleidung, geringer Leistungsbedarf für die Luftkühlung (10 bis 15 mm WS), einfacher Lüfter, guter Liefergrad.

Nachteil: größere Zylinderzahl mit dazugehörenden Ventilen.

Beispiel: FMA-Verdichter Typ Robot.

Bei dieser Maschine, die vorwiegend für den Einsatz als fahrbare Anlage mit Antrieb durch luftgekühlten Dieselmotor verwendet wird, finden wir eine Zylinderanordnung in V- und W-Form, die besonders für diese Verhältnisse geeignet erscheint. Kurze Baulänge, kurze Kurbelwelle, die nur zweimal gelagert ist und die Verwendung von Wälzlagern als Hauptlager zuläßt, guter Zugang zu den Zylindern, die sich nicht gegenseitig behindern, sowie Variationsmöglichkeit der Stufenzahl und -anordnung. Diese Vorteile sind so wichtig, daß man diese Zylinderanordnung auch schon bei stationären Mittelanlagen verwendet. Die Stelle, bei der es am leichtesten zu Schwierigkeiten kommen kann, sind die Lager der Pleuel, da die Leistung sämtlicher Zylinder über einen Kurbelzapfen abgegeben werden muß. Man wählt daher meist nicht angelenkte Pleuels, sondern setzt die Lager nebeneinander auf einen Kurbelzapfen und nimmt die Versetzung der Zylindermitten in Kauf.

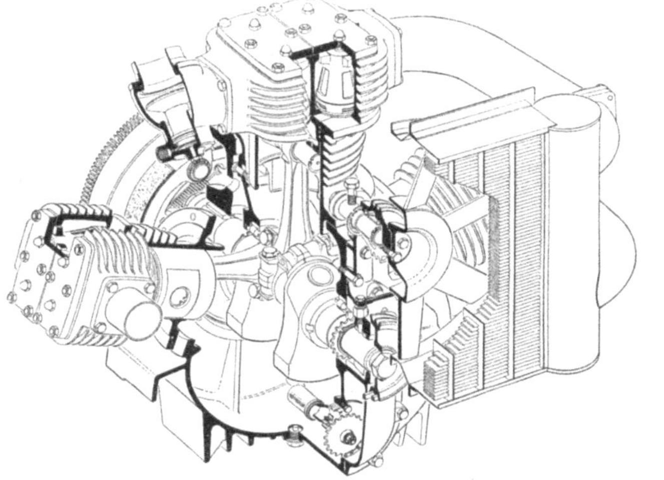

Abb. 12. Schnitt durch einen zweistufigen luftgekühlten Verdichter in V- oder W-Anordnung der FMA.
Mit Genehmigung der Fa. FMA/PORKORNY, Frankfurter Maschinenbau A-G, Frankfurt/Main

Abb. 13. Ansicht eines zweistufigen luftgekühlten Verdichter, Bauart FMA, angetrieben durch Dieselmotor.
Mit Genehmigung der Fa. FMA/PORKORNY, Frankfurter Maschinenbau A-G, Frankfurt/Main

Abb. 14. Luftgekühlter Verdichter wie Abb. 13, transportabel mit Antrieb durch Elektromotor.
Mit Genehmigung der Fa. FMA/POKORNY, Frankfurter Maschinenbau A-G, Frankfurt/Main

Soll die Luftkühlung des Verdichters bei fahrbaren Anlagen voll zur Geltung kommen, so muß auch die Luftkühlung beim Antriebsmotor vorhanden sein. Den westdeutschen Firmen stehen hierfür einige Modelle luftgekühlter 4-Takt-Dieselmotoren zur Verfügung. Bei dem zuletzt gezeigten Verdichter FMA wird vorwiegend der Deutz-Diesel (A 2L, A 3L und A 4L sowie A 6L 514 bzw. 614) verwendet.

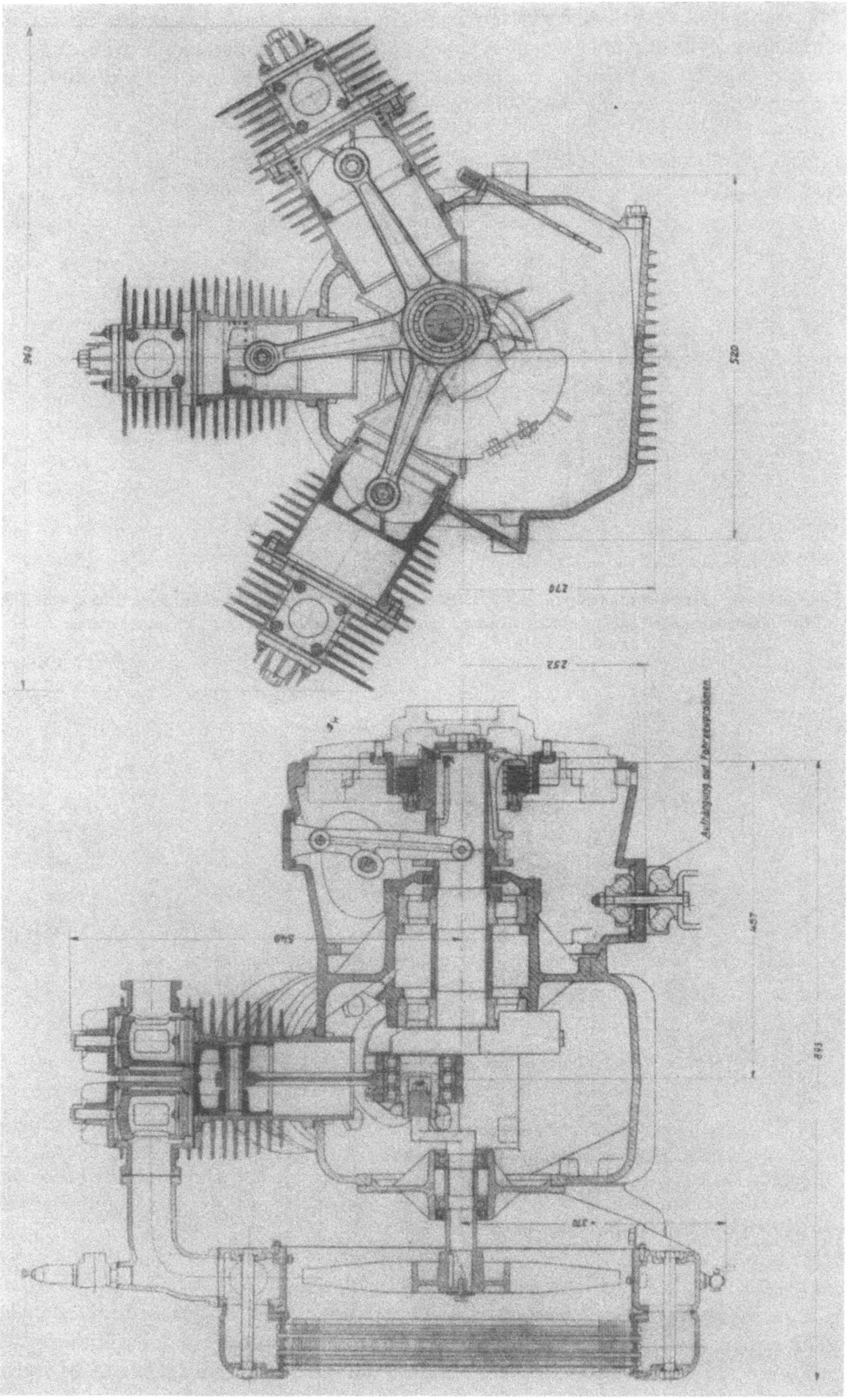

Abb. 15. Schnellaufender zweistufiger luftgekühlter Verdichter in W-Form für fahrbare Anlagen 4 m³/Min. Bauart KEB Zwickau

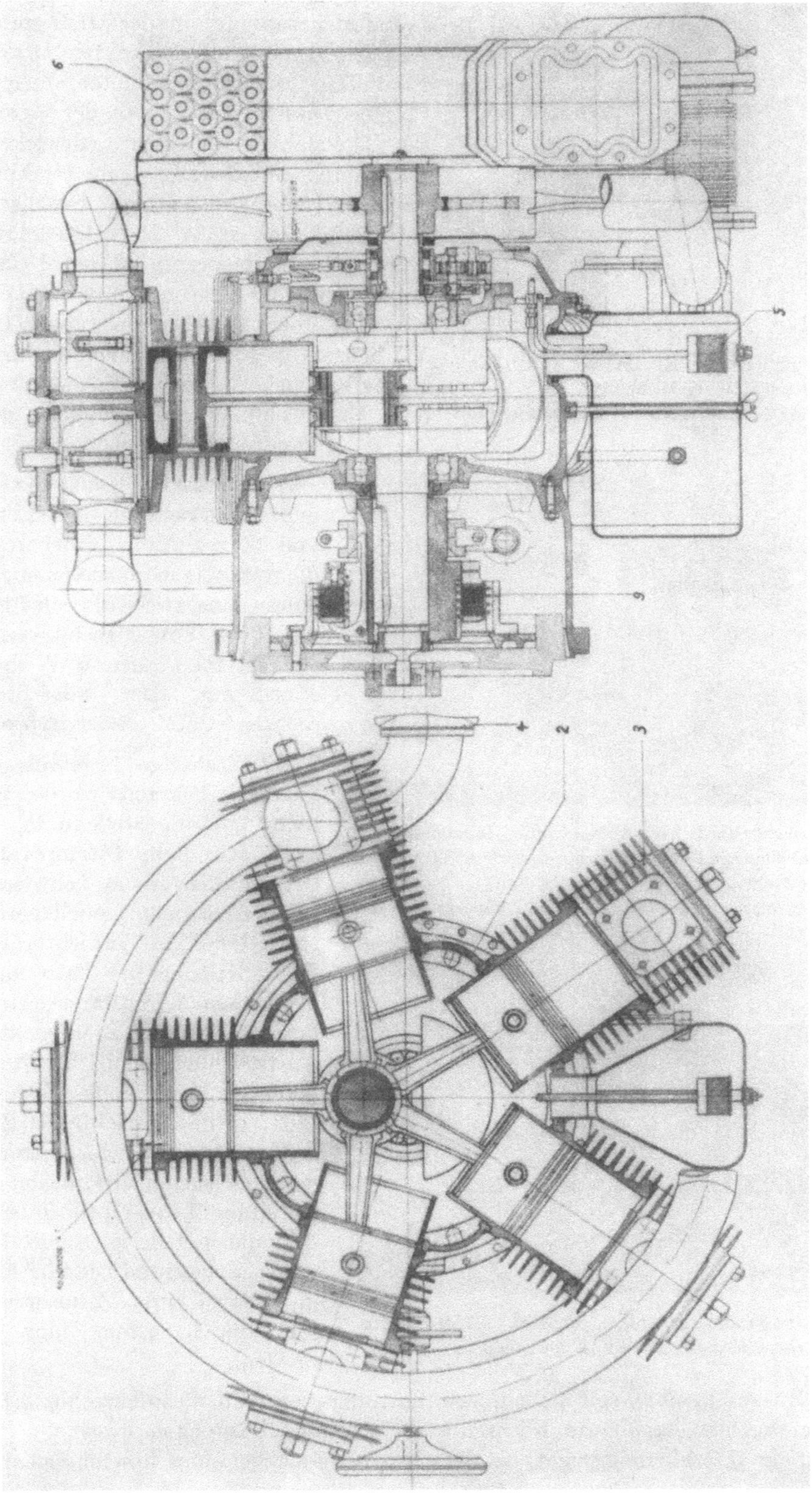

Abb. 16. Luftgekühlter schnellaufender zweistufiger Verdichter in Sternform für fahrbare Anlagen 8 m³/Min. Bauart KEB Zwickau.

Abb. 17. Fahrbare Verdichter-Anlage mit schnelllaufendem einstufigen Motor-Kompressor 16 m³/Min. Bauart Halberg-Mühlstädt.

Mit Genehmigung der Fa. Kurt Mühlstädt, Kompressorenbau, Kiel

Die Mehrzahl der in der DDR gefertigten Anlagen arbeitet mit indirekter Luftkühlung, zumindest für den Dieselmotor, da leistungsfähige Dieselmotore bei der gewünschten Drehzahl noch nicht entwickelt sind und ihre Entwicklung im Hinblick auf die für Motoren geringe Stückzahl auf Schwierigkeiten stößt. Der Dieselmotor darf nicht zu knapp bemessen werden. Erfahrungsgemäß muß die Leistung an der Rauchgrenze rd. 20% über dem Nennleistungsbedarf des Verdichters liegen, um einen einwandfreien Betrieb zu sichern, auch wenn der Verdichter oder Motor einmal in einem nicht ganz einwandfreien Betriebszustand ist.

Abb. 18. Fahrbare Verdichter-Anlage mit schnellaufendem luftgekühlten zweistufigen Motor-Kompressor 6 m³/Min. Bauart Demag-Moko (Kompressor-Seite).

Mit Genehmigung der Fa. DEMAG A-G, Duisburg

Zur Zeit ist das Konstruktionsbüro in Zwickau bemüht, diesen Stand der voll-luftgekühlten fahrbaren Verdichteranlagen zu erreichen, und hat hierzu eine zweistufige luftgekühlte 2-, 4- und 8-m³-Maschine entworfen für n = 1500/min und W- und Sternanordnung. Der 8-m³-Stern-Verdichter ist z. Z. in der Erprobung.

Das bisherige Ergebnis, das mir kürzlich bekannt wurde, ist noch nicht zufriedenstellend; $\eta_{is} = 0{,}40$ bei 7 atü, hohe Öltemperatur und Ölverbrauch sowie Schwierigkeiten an den Segmentpleuellagern. Während der FMA-Verdichter für 8 m³ Förderleistung bei 7 atü mit einem Diesel von 75 PS Dauerleistung auskommt, werden z. Z. bei elektrischem Antrieb noch 82 PS für 7,8 m³/min benötigt. Noch nicht vollständig gelöst ist die Antriebfrage. Zunächst soll aus Mangel an geeigneten Dieselmotoren eigener Produktion ein luftgekühlter Tatra-Motor T 108 (2 × 4 Zylinder in V-Serie) 100 PS Leistung verwendet werden. Die 4-m³-Maschine in W-Form wird z. Z. konstruiert und soll im nächsten Jahr erprobt werden.

Abb. 19. Fahrbare Verdichter-Anlage wie Abb. 18, Motor-Seite.

Mit Genehmigung der Fa. DEMAG A-G, Duisburg

In diesem Zusammenhang soll nicht unerwähnt bleiben eine in Westdeutschland für fahrbare Anlagen auch viel gebaute Form des sogenannten „Motorkompressors". Darunter versteht man ein Maschinenaggregat, bei dem Kraft- und Arbeitsmaschine eine gemeinsame

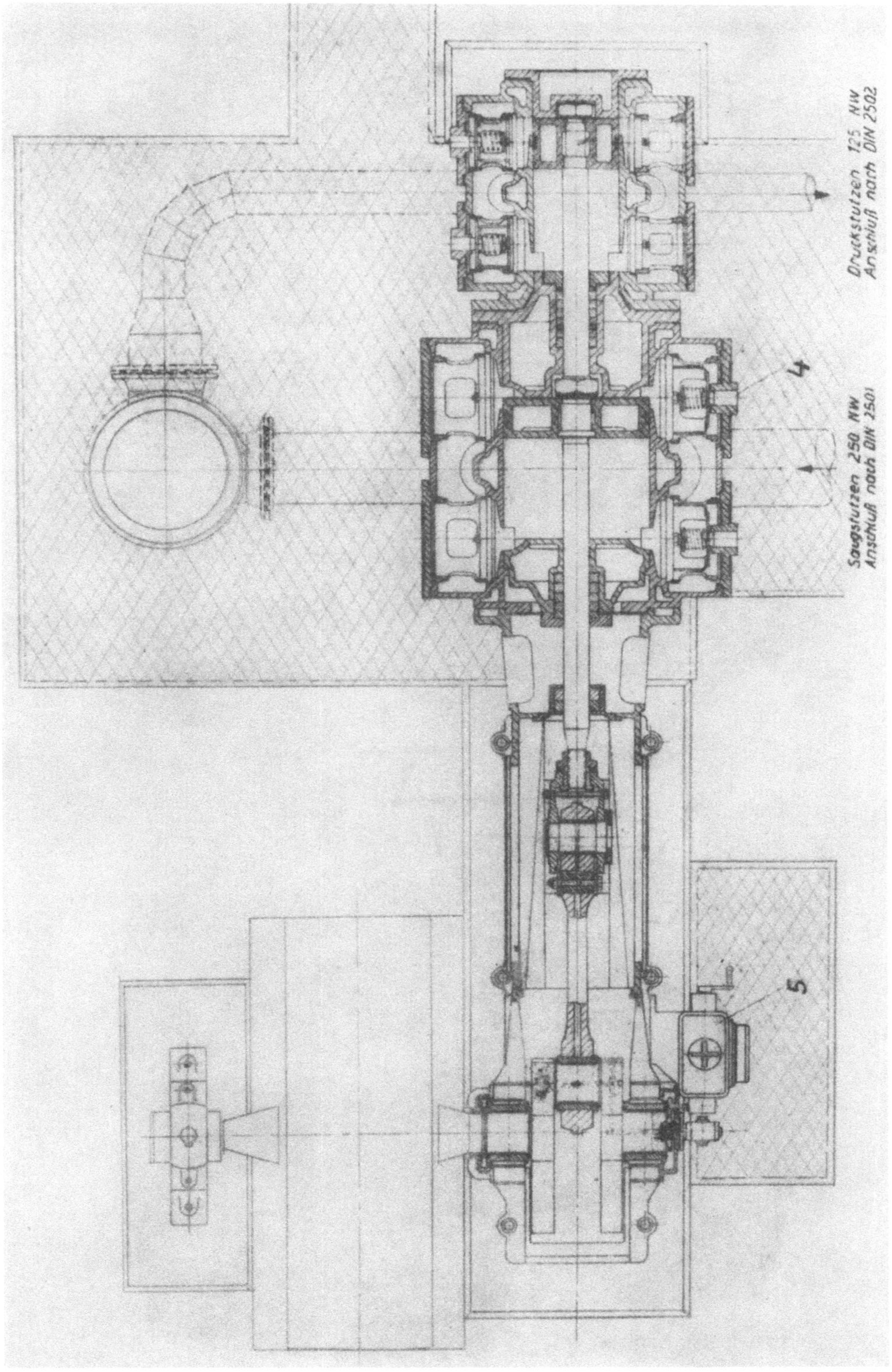

Abb. 20. Liegender zweistufiger Verdichter in kurzer Tandem-Bauart Type TR Bauart KEB Zwickau. Horizontalschnitt.

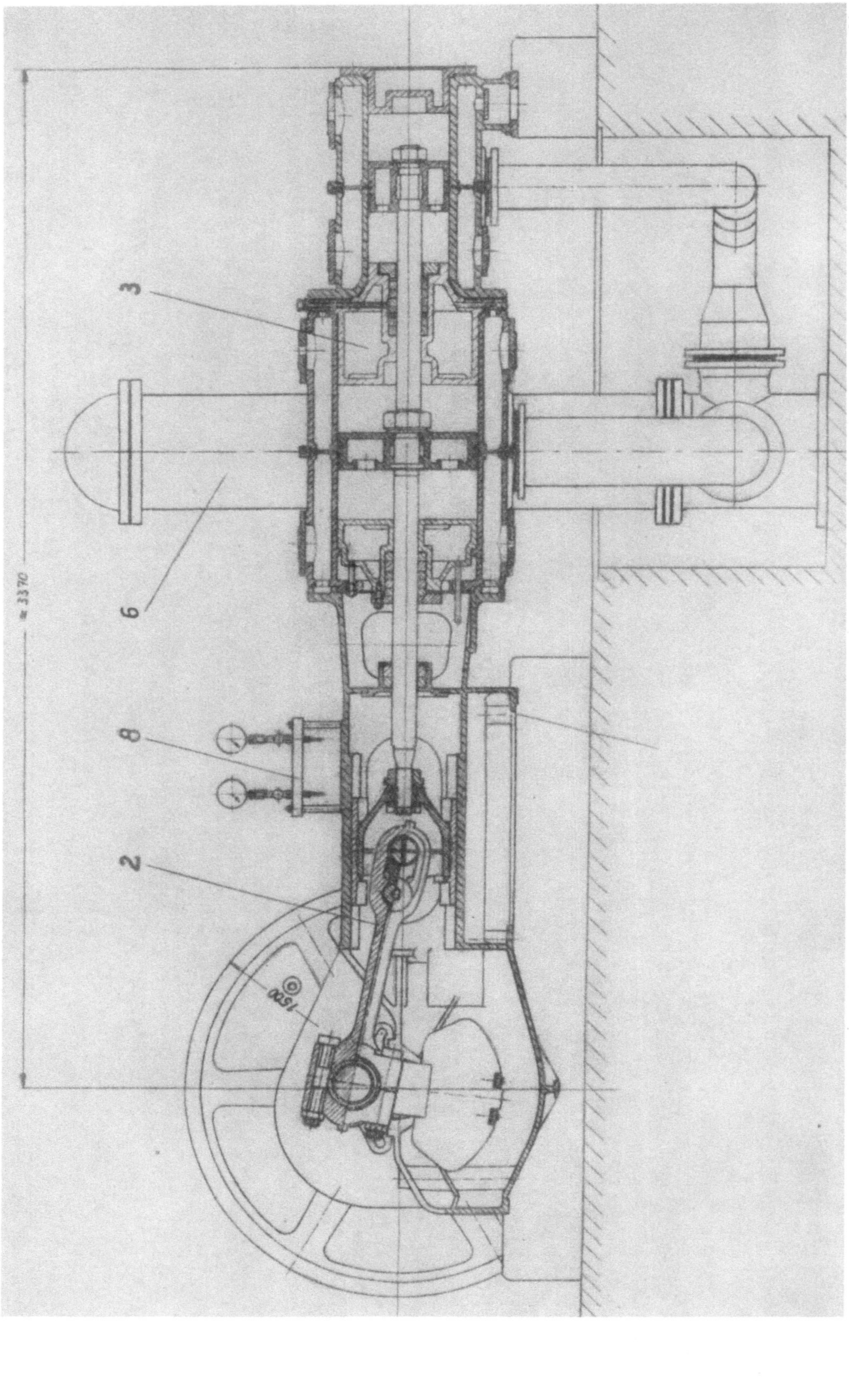

Abb. 21. Liegender zweistufiger Verdichter wie Abb. 20. Vertikalschnitt.

Kurbelwelle besitzen und praktisch ein Teil der Zylinder des Dieselmotors als Verdichter ausgeführt ist. So wird z. B. bei der größten Maschine, die Halberg für 9,6 m^3/min auf 6 atü einstufig baut, ein luftgekühlter Deutz-Diesel (Typ A 12L, 614) mit normal 2 × 6 Zylindern in V-Serie mit 6 Diesel- und 6 Verdichter-Zylindern gebaut.

Die V-Anordnung beider Maschinenteile vermeidet z. T. die thermischen Nachteile, die bei Serienanordnung der gesamten Zylinder eintreten. Bei der Auslegung dieser Maschinenanordnung muß natürlich beachtet werden, daß bei gleichem Zylinderdurchmesser für beide Teile der p_{mi}-Wert des Verdichters nicht zu groß wird im Vergleich zu dem des Dieselmotors. Das ist durch die Ausführung eines größeren Schadraumes beim Verdichter möglich. Auch 2-Takt-Dieselmotoren werden in gleicher Weise mit einem Verdichter zusammengebaut. Beispiel: Demag-Modag 5,5 m^3/min, 1200/min, 7 atü, zweistufig, volluftgekühlt.

Welche von den beiden Bauarten die wirtschaftlich günstigere Lösung darstellt, kann ohne Vergleichsversuche nicht gesagt werden. Der Motorkompressor hat auf jeden Fall den Vorteil, daß die Möglichkeit des Auftretens von Drehschwingungen weit geringer ist als bei zwei getrennten Serienmaschinen mit je einem Schwungrad, die über eine Welle und Kupplung verbunden sind.

Der spezifische Leistungsbedarf tritt bei den kleinen Verdichtern, besonders bei den fahrbaren Verdichtern, gegenüber den anderen Momenten des Preises, der geringen Störanfälligkeit sowie der Robustheit und Unempfindlichkeit gegen nicht sorgfältige Wartung zurück. Es muß damit gerechnet werden, daß diese Maschinen bei ihrem Einsatz bei Hoch- und Tiefbaubetrieben sowie bei den verschiedensten Witterungsbedingungen nicht so behandelt werden und werden können wie bei einer Aufstellung in einer Maschinenhalle und laufender Wartung.

Bei einem Vergleich des Standes der Technik zwischen der DDR und dem Ausland ist fest-

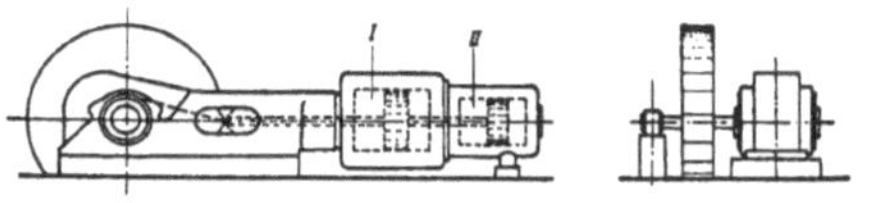

Type	TR 16	TR 18	TR 20	TR 22,5	TR 25	TR 28	TR 31,5	TR 35,5	TR 40	TR 45	TR 50
Zylinder-ϕ mm	180/90	210/110	240/140	280/160	330/190	380/220	450/260	530/315	600/330	710/380	800/450
Hub mm	160	180	200	225	250	280	315	355	400	450	500
Drehzahl U/min	500	450	420	400	380	350	315	300	250	250	214
Enddruck p_{max} atü		- 10 -									
Liefermenge m^3/h	180	238	325	477	700	970	1400	1970	2400	4050	4950
Leistungsbedarf PS	27	35	47,5	70	100	140	195	270	340	560	680
η_{is-K}	0,6	0,6	0,61	0,61	0,62	0,62	0,63	0,63	0,63	0,64	0,65

Abb. 22. Schema und Leistungsdaten der liegenden Verdichter Type TR.

Hub mm								
Vorzugsreihe	160	200	250	315	355	400	450	500
Nebenreihe	140 / 180	180 / 225	225 / 280	280 / 355	315 / 400	355 / 450	400 / 500	450 / 560
Kolbenstangenkraft max. kg	1500	2650	4750	8500	11200	15000	20000	26500
Kolbengeschwindigkeit c_m m/sec	2,33 / 2,67 / 3	2,7 / 3 / 3,37	3 / 3,33 / 3,73	3,37 / 3,68 / 4,14	3,68 / 4,14 / 4,67	4,14 / 4,67 / 5,2	3,73 / 4,2 / 4,67	3,52 / 3,92 / 4,38
Drehzahl max. min^{-1}	500	450	400	350	350	350	280	235
Kurbelwellenlager p kg/cm^2	25	27,2	28,3	30,8	29,6	30,2	30,5	29,7
Pleuellager p kg/cm^2	62,5	63	64,2	67,3	64,3	69	65	70,3
Pleuelbuchse p kg/cm^2	115	110	106	96,5	-	99,3	97,2	114

<u>Gabelrahmen</u> Errechnete Werte beziehen sich auf die tragende Fläche

Abb. 23. Typenreihe von Triebwerken für liegende Kolbenmaschinen. Gabelrahmen.

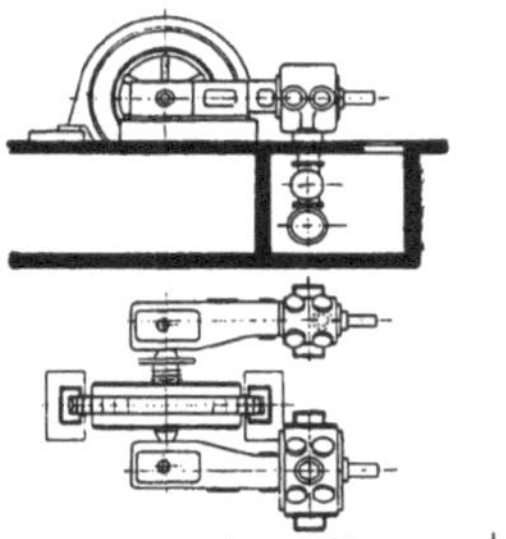

	einstufig				zweistufig	
Type	EDL 360	EDL 650	ZEDL 720	ZEDL 1300	Z2DL 360	Z2DL 650
Drehzahl U/min	280	215	280	215	280	215
Liefermenge (2 atü) m^3/h	3090	5530	6180	11070		
Leistungsbed. (2 atü) PS	190	340	378	679		
Liefermenge (10 atü) m^3/h					3040	5440
Leistungsbed. (10 atü) PS					421	745
η_{is-K}					0,61	0,62

Abb. 24. Schema und Leistungsdaten liegender ein- und zweistufiger Verdichter. Bauart Demag.

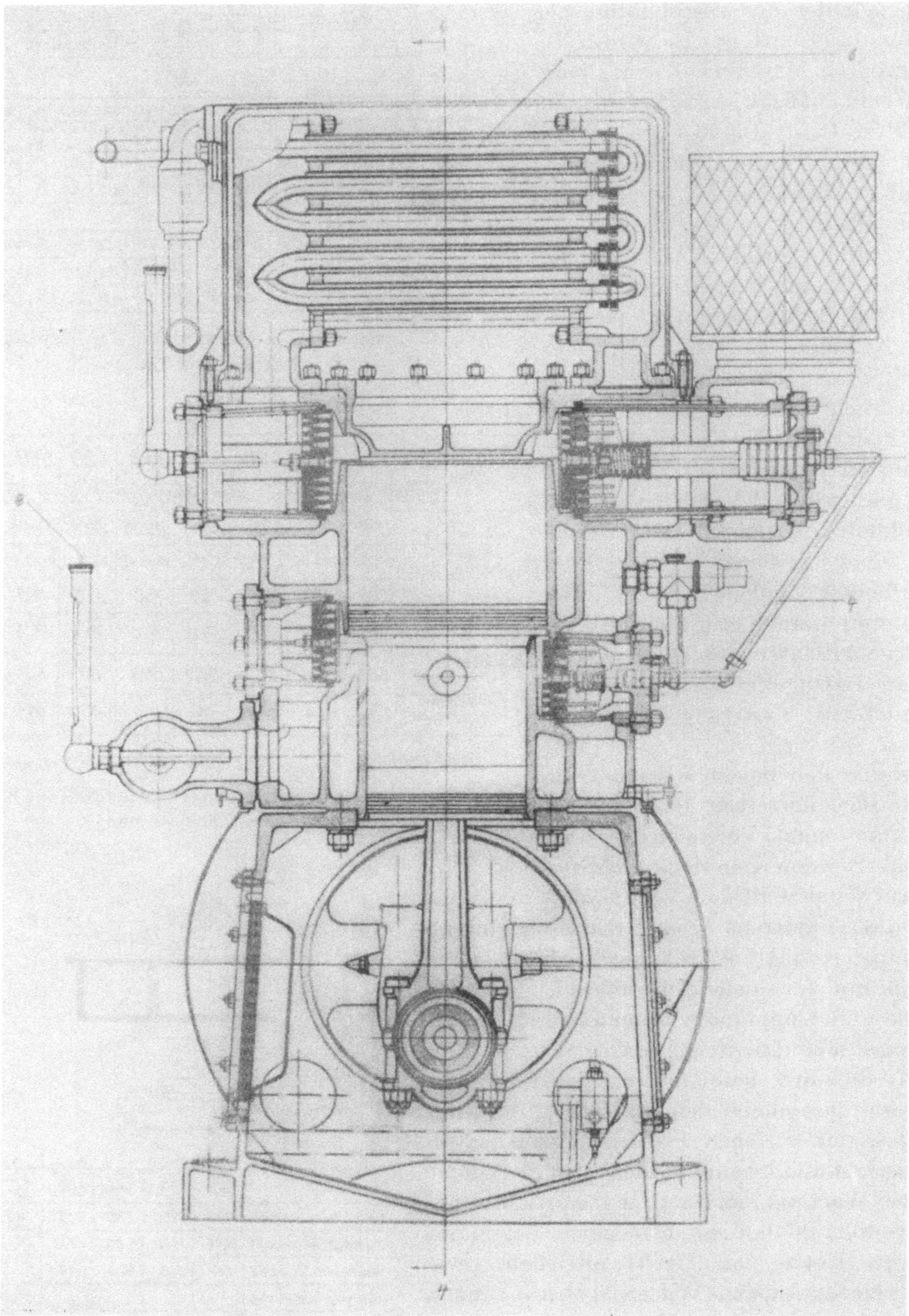

Abb. 25. Stehender zweistufiger Verdichter mit Stufen-Tauchkolben Type SN, Bauart KEB Zwickau (Querschnitt).

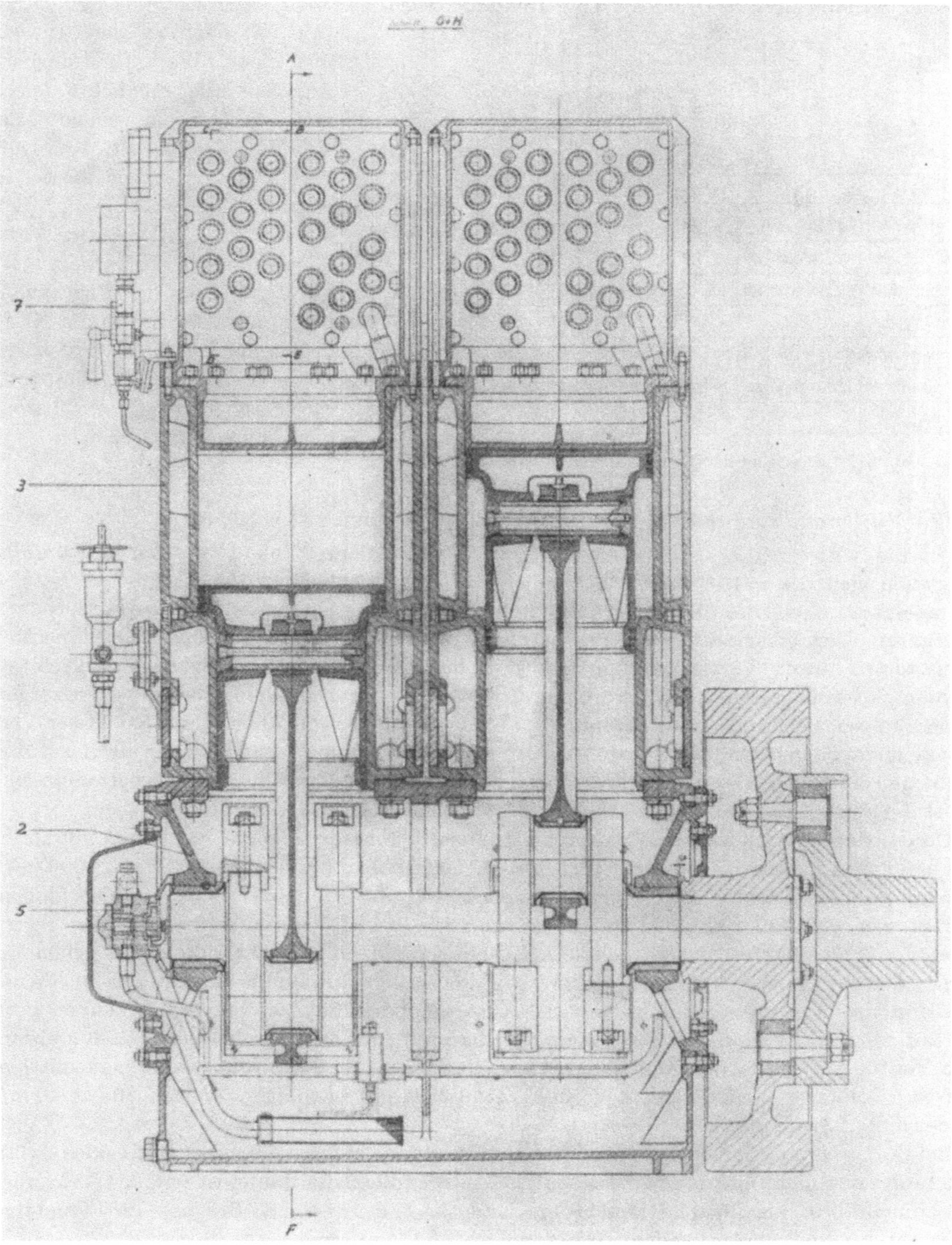

Abb. 26. Stehender zweistufiger Verdichter wie Abb. 25 (Längsschnitt).

zustellen, daß ein grundsätzlicher Unterschied im Bau der Verdichter nicht besteht. Der Anschluß an die Drehzahl von 1500/min wird hier z. Z. angestrebt. Diese Drehzahl hat nach meiner Ansicht nur einen Wert für fahrbare Anlagen, die möglichst leicht und billig sein sollen. Erstaunlich groß ist, was mir auch auf der letzten Messe in Hannover besonders auffiel, die Anzahl der Typen in Westdeutschland, die durch ein starkes Anwachsen der Firmenzahl bedingt ist, die nach dem Krieg den Bau von Kleinverdichtern aufgenommen haben. Diese Tatsache ist nicht als ein besonderer Vorteil anzusehen.

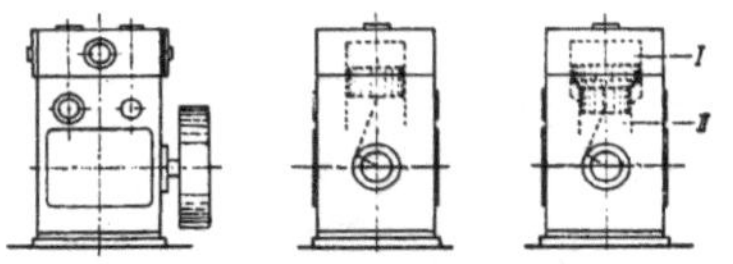

	einstufig										zweistufig					
Type	SN 20 a	SN 20 b	SN 20 c	SN 20 d	SN 22,5 a	SN 22,5 b	SN 22,5 c	SN 22,5 d	SN 31,5 a	SN 31,5 b	2 SN 20 a	2 SN 20 b	2 SN 20 c	2 SN 20 d	2 SN 22,5 a	2 SN 22,5 b
Zylinder-φ mm	1× 224	1× 265	2× 224	2× 265	2× 315	2× 375	4× 315	4× 375	3× 515	4× 515	1× 224/180	1× 265/212	2× 224/180	2× 265/212	2× 315/255	2× 375/300
Hub mm	200	200	200	200	225	225	225	225	315	315	200	200	200	200	225	225
Drehzahl U/min	600	600	600	600	500	500	500	500	375	375	600	600	600	600	500	500
Enddruck p_{max} atü	- 4 -										- 10 -					
Liefermenge m³/h	198	270	390	540	750	1050	1500	2100	3120	4200	210	300	420	600	840	1170
Leistungsbedarf PS	22	33	44	64	85	120	170	239	340	450	34	48	67	95	133	186
η_{is-K}											~ 0,56					

Abb. 27. Typenreihe der Verdichter nach Abb. 25 u. 26.

II. Mittelgroße Verdichter für 600 m³/h bis 6000 m³/h und 10 bis 30 atü.

An die wirtschaftlich durchaus wichtigen Kleinverdichter (bis 10 m³/min = 600 m³/h) schließen sich die mittelgroßen Maschinen an, die ausschließlich für stationären Betrieb eingesetzt werden. Hier finden wir, daß die beiden einander entgegenstehenden Forderungen des guten Wirkungsgrades sowie des geringen Bauaufwandes, Platzbedarfes und Anschaffungskosten durch Verwendung möglichst hoher Drehzahlen verschieden berücksichtigt werden. Ausschlaggebend müßten immer die Gesamtkosten sein, die natürlich vom Energiepreis und der Belastung und Ausnutzung abhängen. In vielen Fällen wird aber dieser Vergleich nicht eingehend und vollständig durchgeführt, sondern die Wahl oft nach zufällig günstigen Vorteilen wie Antriebsart, Platzbedarf und Aufstellungsmöglichkeit getroffen. Nur so ist die große Zahl von Typen gleicher Leistung zu erklären.

Der Forderung nach bestem Wirkungsgrad entspricht der liegende Langsamläufer mit Drehzahlen von 120/min bis 400/min, der bis zu maximalen Förderströmen von 20000 m³/h gebaut und als Klein-, Mittel- und Großmaschine ausgeführt werden kann. Die kleinen Leistungen (von 180 m³/h) sind meist von früher im Modell vorhanden, werden aber gegenüber den Schnelläufern wenig gebaut. Die mittleren Kolbengeschwindigkeiten gehen bei diesen Maschinen bis 4,0 und 4,5 m/s. Wegen des großen Hubvolumens kann ein reichlicher Ventilquerschnitt untergebracht werden. Auch der oder die Zwischenkühler können groß gebaut werden, da sie meist unter Maschinenhausflur im Sockelgeschoß aufgestellt werden. Die Ventile werden fast ausschließlich am Zylindermantel angeordnet, wobei man mittlere auf die Kolbengeschwindigkeit bezogene Ventil-Spaltgeschwindigkeiten von 30 bis 40 m/s in der ersten Stufe erhält.

Bei der zweistufigen Maschine werden bis zu Leistungen von rd. 5000 m³/h die beiden Zylinder hintereinander angeordnet. Diese kurzgebaute Tandemanordnung ist von der Zwickauer Maschinenfabrik als Type TR nach dem Krieg besonders für den Bergbau im Erzgebirge (Wismut-AG und Bleierz) geliefert worden.

Im Rahmen des sogenannten Typenprogrammes der DDR ist diese Bauart in ihrer Größenreihe, Auslegung sowie Ausführung überarbeitet worden, wobei eine neue Einheitsgleitbahn als Gabelrahmen für Hübe von 160 bis 500 mm in 8 Größen mit den dazugehörenden Triebwerken die Grundlage für die Auslegung bildete. Diese Aufgabe, eine Reihe einheit-

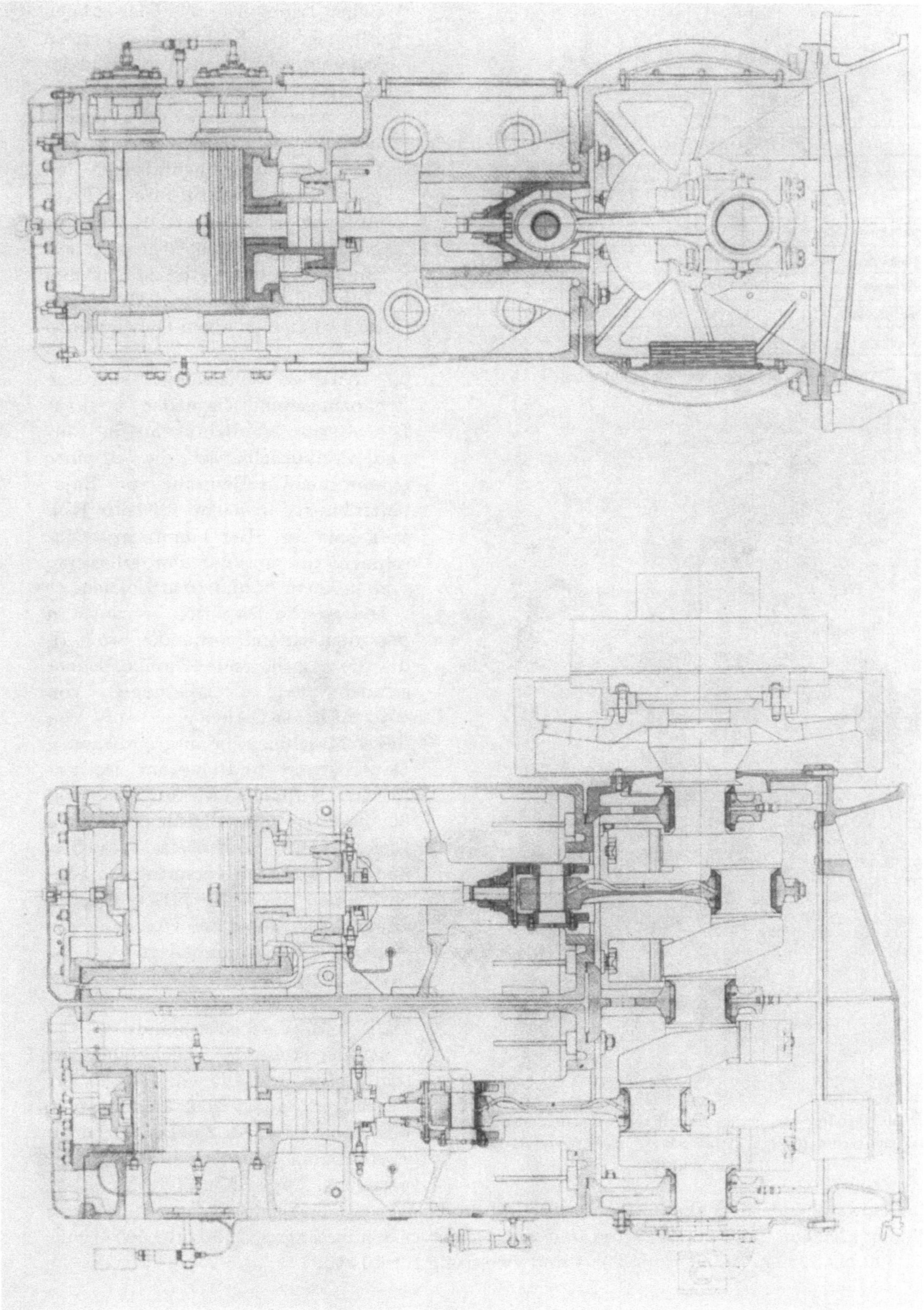

Abb. 28. Stehender zweistufiger Verdichter mit Kreuzkopf-Führung, Bauart KEB Zwickau.

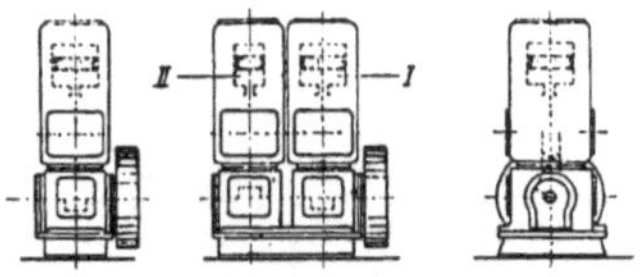

	einstufig, doppeltwirkd., mit Kreuzkopfführg.						dto., zweistufig				
Type	SR 22,5 a	SR 22,5 b	SR 22,5 c	SR 22,5 d	SR 22,5 e	SR 22,5 f	SVR 22,5 a	SVR 22,5 b	SVR 22,5 c	SVR 22,5 d	SVR 22,5 e
Zylinder-ϕ mm	310	370	430	2 × 370	2 × 430	4 × 370	310/190	370/210	430/240	2×370 2×210	2×430 2×240
Hub mm	225	225	225	2 × 225	2 × 225	4 × 225	2 × 225	2 × 225	2 × 225	4 × 225	4 × 225
Drehzahl U/min	- 500 -						- 500 -				
Enddruck p_{max} atü	- 4 -						- 10 -				
Liefermenge m³/h	785	1100	1500	2200	3000	4400	785	1100	1500	2200	3000
Leistungsbedarf PS	90	125	170	250	330	500	116	181	245	360	490
η_{is-K}							~ 0,54				

Abb. 29. Typenreihe der Verdichter nach Abb. 28.

licher Triebwerke und Gleitbahnen für liegende Kolbenmaschinen zu schaffen, wurde schon während des Krieges in Angriff genommen, wobei sogar damals die Absicht bestand, die Fertigung gemeinsam für alle Maschinenfabriken an einer Stelle auszuführen. Diese Aufgabe ist in der DDR zu Ende geführt worden im Gegensatz zur Bundesrepublik. Bis zu 500 mm Hub und einem Gestängedruck von 26,5 t hat man einen Gabelrahmen gewählt.

An diese Reihe schließt sich eine Ergänzungsreihe liegender zweistufiger Gasgroßverdichter an in Ein- und Zweikurbelbauart, die auf einer entsprechenden Baureihe von Bajonettrahmen für 650 bis 1200 mm Hub aufgebaut ist. Hier könnte man Maschinen bis zu einer Förderleistung von 40000 m³/h und 10 atü bauen.

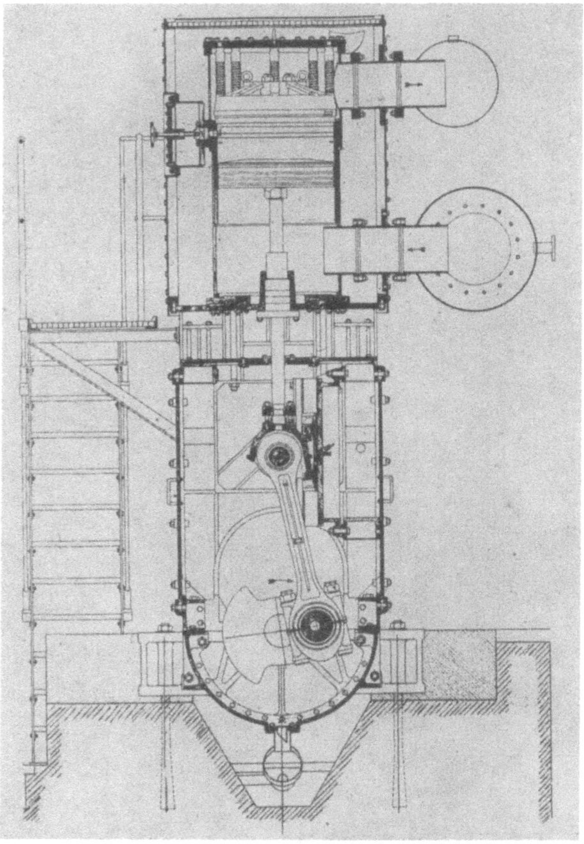

Abb. 30. Großer stehender einstufiger 4-Kurbel-Verdichter in Gleichstrom-Bauart Type SR 4. Bauart KEB Berlin (Querschnitt).

Die gleiche Situation ist auch in Westdeutschland vorhanden, wo z. B. die Demag liegende Zweikurbelmaschinen bis zu Leistungen von 8000 m³/h als Serientype baut. Von diesen Maschinen für ausgesprochenen Dauerbetrieb und bestem isothermischen Kupplungswirkungsgrad von 65 bis 70% mit allerdings großem Liefergewicht, großen Massenkräften und Fundamenten versucht man wegzukommen durch Heraufsetzung der Drehzahlen, wobei der Übergang zur stehenden Bauart naheliegt.

Ich zeige Ihnen nun einige Ausführungen solcher Maschinen aus der DDR und Westdeutschland:

a) eine stehende Tauchkolbenmaschine für Luft in ein- bis vierkurbeliger Bauart 200, 225 mm Hub, 600, 500 U/Min, rd. 200 bis 1100 m³/h Förderstrom und 4 bzw. 10 atü Gegendruck, Type SN und 2 SN;

b) eine stehende Kreuzkopfmaschine für Luft und Gas in ein- bis vierkurbeliger Anordnung mit den gleichen Triebwerkskräften und auch gleichen Schubstangen, 225 Hub, 500 U/min und 800 bis 3000 m³/h, einstufig für 4 und zweistufig für 10 atü.

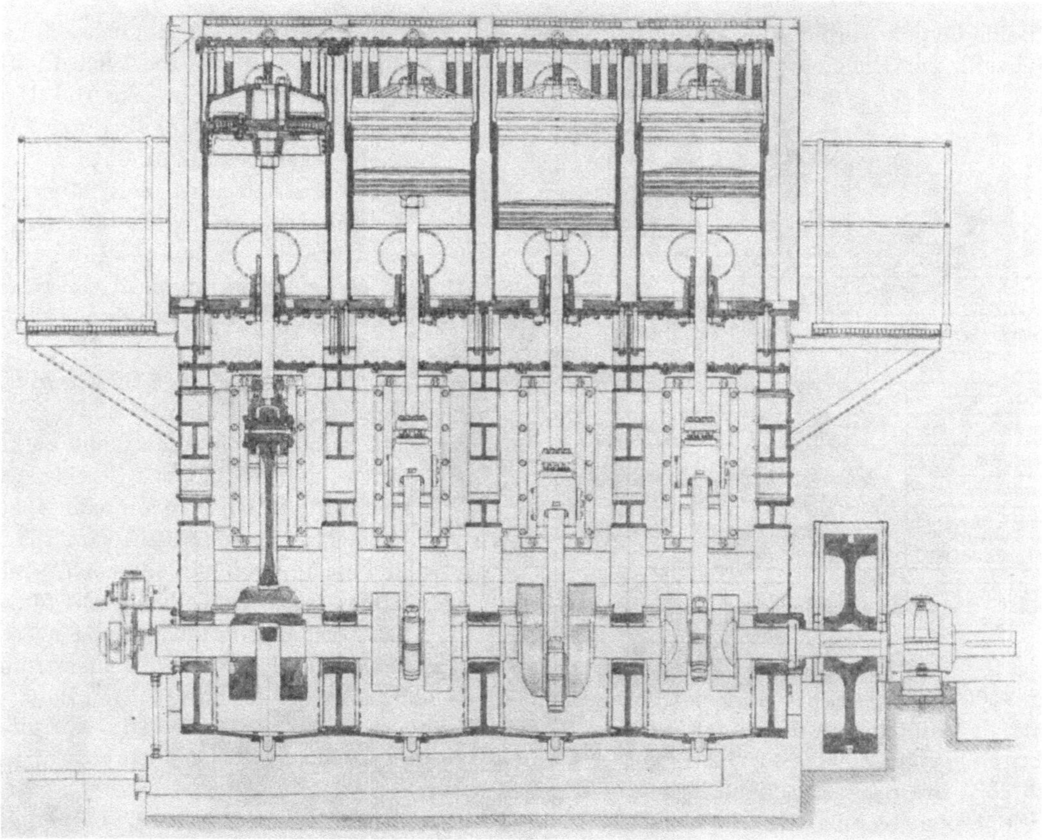

Abb. 31. Verdichter nach Abb. 30 (Längsschnitt).

Abb. 32. Verdichter-Anlage nach Abb. 30 und 31, hergestellt von VEB Maschinenbau Halberstadt.

Beide Typen werden z. Z. erprobt. Man hat sich hier, im Interesse einer möglichst hohen Drehzahl, zur Reihentype entschlossen, obwohl nach meinen Erfahrungen die Vielzahl der Zylinder und Triebwerke die Herstellungskosten gegenüber der Eintriebwerksmaschine erhöht.

Der Antrieb wird meist über ein Getriebe erfolgen, wenn kein langsamlaufender Motor gewählt wird. Es soll ein Wirkungsgrad von rd. 55 bis 60% bei der Zweistufenmaschine erreicht werden.

c) An diese beiden Reihen schließt eine vom KEB Berlin entwickelte und auch schon mehrfach ausgeführte stehende Type SG, ein- und zweistufig in Gleichstrombauart, an.

Die Maschinen haben 400 mm Hub und bei n = 300/min 4,0, bei 375/min 5,0 m/s mittlere Kolbengeschwindigkeit. Sie werden mit 2 bis 6 Kurbeln gebaut und erreichen Lieferströme von 3700 m³/h bis 13870 m³/h bei der einstufigen und 9250 m³/h bei der zweistufigen Bauart; Antrieb unmittelbar durch langsam laufenden Motor oder über Getriebe. Die Antriebsleistung beträgt 300 bis 1100 kW, und es wird ein Wirkungsgrad von 61% bei der einstufigen und 63% bei der zweistufigen Maschine angegeben.

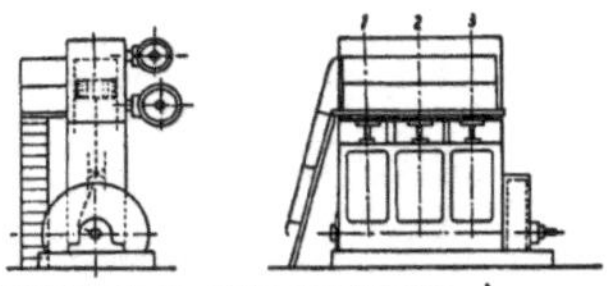

Type	Gleichstrombauart, mit Kreuzkopfführung einstufig					dto. zweistufig		
	SG 40 a	SG 40 b	SG 40 c	SG 40 d	SG 40 e	2 SG 40 a	2 SG 40 b	2 SG 40 c
Zylinder-φ mm	650	650	650	650	650	2×650 1×450	3×650 2×450	4×650 2×450
Hub mm	400	400	400	400	400	400	400	400
Kurbelzahl	2	3	4	5	6	3	5	6
Drehzahl U/min	300 375	300 375	300 375	300 375	300 375	300 375	300 375	300 375
Enddruck p_{max} atü	– 4 –					– 10 –		
Liefermenge m³/h	3700 4625	5550 6935	7400 9250	9250 11560	11 100 13870	3700 4625	5550 6935	7400 9250
Leistungsbedarf PS	408 510	612 770	815 1020	1020 1280	1220 1520	580 735	880 1100	1170 1500
η_{is-K}	0,61					0,631		

Abb. 33. Typenreihe stehender ein- und zweistufiger Verdichter Type SG.

Die Gleichstrombauart, die vorwiegend im Kälteverdichterbau vorherrscht, bietet die Möglichkeit, relativ große Ventilquerschnitte unterzubringen, da für die Druckventile die gesamte Deckelfläche zur Verfügung steht, weil die Saugventile im Kolbenboden angeordnet sind.

Sie ist auch thermisch günstig und ermöglicht die Anordnung großer Saug- und Druckräume.

d) Eine recht bemerkenswerte Neukonstruktion, die von der Demag auf der letzten Messe in Hannover gezeigt wurde, ist ein stehender zweistufiger Verdichter in V- und W-Form, bezeichnet als „Fächerkompressor“. Drehzahlen von 500 bis 750/min bei Hüben von 140 bis 225 mm ergeben mittlere Geschwindigkeiten von nur 3,5 bis 3,75 m/s. Die Förderströme liegen zwischen rd. 1000 und rd. 5000 m³/h, die, durch Aufstellen als Zwillingsmaschine, auf das Doppelte vergrößert werden können.

Der isothermische Wirkungsgrad soll nach dem Prospekt 65 bis 68% betragen, ein Wert, der als hoch anzusprechen ist. Der Förderstrom des Verdichters kann in vier Stufen von Vollast auf Leerlauf verringert werden. Es werden hierzu bei der W-Bauart die vier Zylinderseiten der ersten Stufe nacheinander auf Leerlauf geschaltet. Um den Zwischendruck konstant zu halten, wird in der zweiten Stufe bei 75 bis 25% Förderstrom je ein Zuschaltraum geöffnet, während bei 50 bis 0% eine und beide Zylinderseiten auf Leerlauf geschaltet sind.

III. Großverdichter. Ich komme nun zu den Großmaschinen bis zu etwa 20 000 m³h in 2 bis 6, sogar 7 Stufen auf 12 bis 325 atü, die nur für den Bedarfsfall gefertigt werden. Bedarfsträger ist in erster Linie die chemische Industrie für H.-Dr.-Synthese-Prozesse, hauptsächlich die Ammoniak-, die Methanol- und Benzin-Synthese. Außerdem werden große

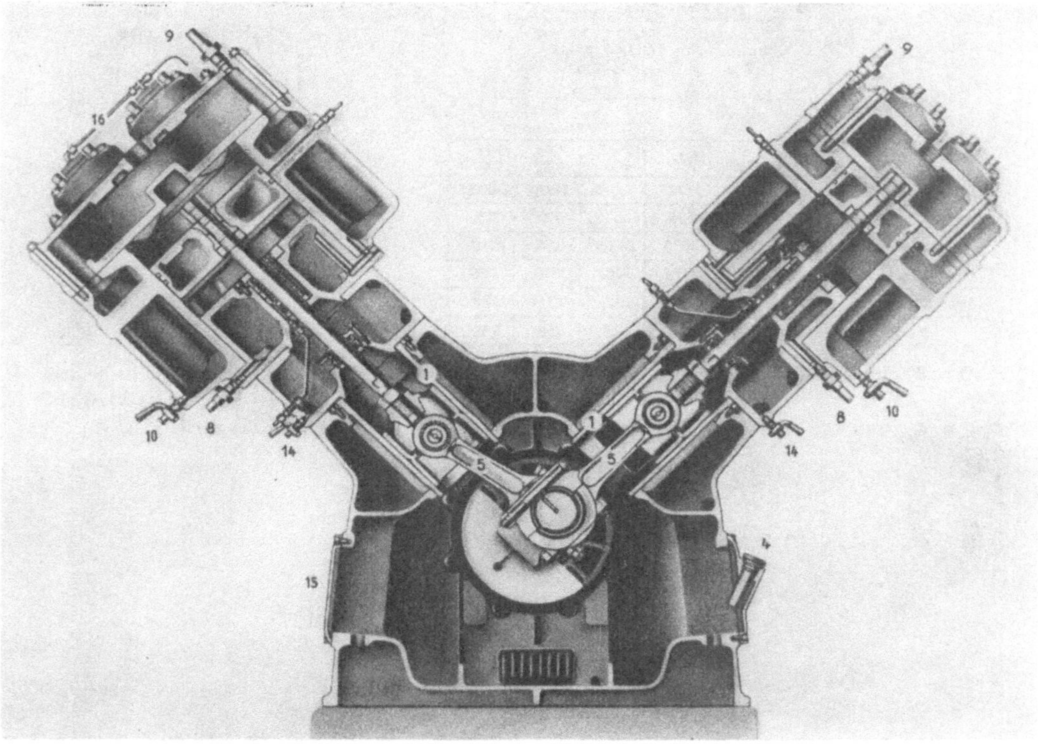

Abb. 34. Stehender zweistufiger Verdichter mit Kreuzkopf-Führung in V-Anordnung Type F, Bauart Demag.
Mit Genehmigung der Fa. DEMAG A-G, Duisburg

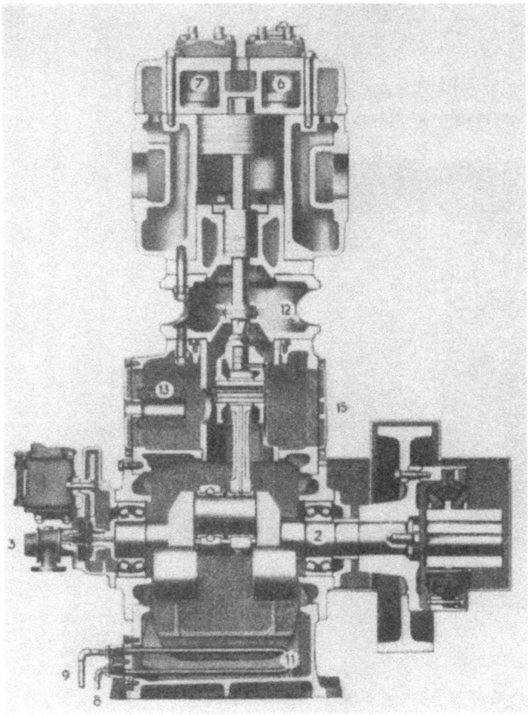

Abb. 35. Verdichter nach Abb. 34 (Längsschnitt).
Mit Genehmigung der Fa. DEMAG A-G, Duisburg

Abb. 36. Zweistufiger Verdichter in W-Anordnung, Bauart Demag (Ansicht).
Mit Genehmigung der Fa. DEMAG A-G, Duisburg

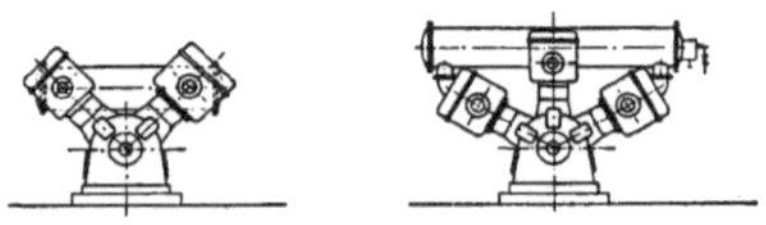

	V - Form			W - Form		
Type	Z 2 F 130	Z 2 F 200	Z 2 F 300	D 2 F 260	D 2 F 400	D 2 F 600
Hub mm	2 × 140	2 × 180	2 × 225	3 × 140	3 × 180	3 × 225
Drehzahl U/min	750	600	500	750	600	500
Hubvolumen m^3/h	1344	1957	3005	2688	3914	6010
Liefermenge b. 7 atü m^3/h	1075	1600	2620	2030	3000	5000
Leistungungsbed. PS	125	185	300	225	335	555
η_{is-K}	0,66	0,66	0,67	0,68	0,68	0,69

Abb. 37. Typenreihe der Demag-Verdichter, Type F.

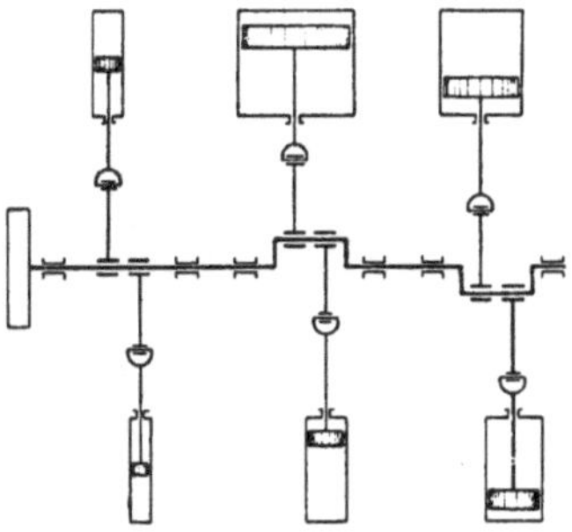

Abb. 38. Schema eines liegenden 6stufigen Synthesegas-Verdichters, Bauart Clark-USA.

Abb. 39. Zweistufiger Ferngas-Verdichter in 4-Kurbel-Boxer-Anordnung 18000 Nm^3/h, 300 U/Min, Bauart Mannesmann-Meer.

Abb. 40. Zweistufiger Gasverdichter in Einkurbel-Winkel-Anordnung, Bauart Mannesmann-Meer.

Mitteldruckmaschinen bis 30 atü und die Ferngasversorgung benötigt sowie Kompressoren für verschiedene Drücke und verschiedene Zwecke, wie z. B. die Luftzerlegung bzw. Sauerstoffgewinnung.

Abb. 41. Stehender 6stufiger Hochdruck-Verdichter mit Antrieb durch Dampfmaschine 4800 m³/h 220 atü.
Mit Genehmigung der Fa. Mannesmann-Meer A-G, M.-Gladbach

Abb. 42. Liegender 6stufiger Zweikurbel-H. Dr.-Verdichter mit Antrieb durch Sattelmotor 16000 m³/h 325 atü (Werksmontage).

In Deutschland wird für diese Zwecke die liegende langsamlaufende Maschine größter Leistungseinheit bevorzugt, die einen besten Wirkungsgrad bei größter Betriebssicherheit und Zugängigkeit zu den Ventilen und Kühlern aufweist. Da die spezifischen Anlagekosten mit der Größe der Maschine und der Wirkungsgrad gleichzeitig steigt, ist man bestrebt, die Leistungseinheiten so groß wie möglich zu wählen. Die Grenze ist hier wohl weniger von der maschinentechnischen Seite als von der elektrischen Seite gegeben. Diese Maschinen

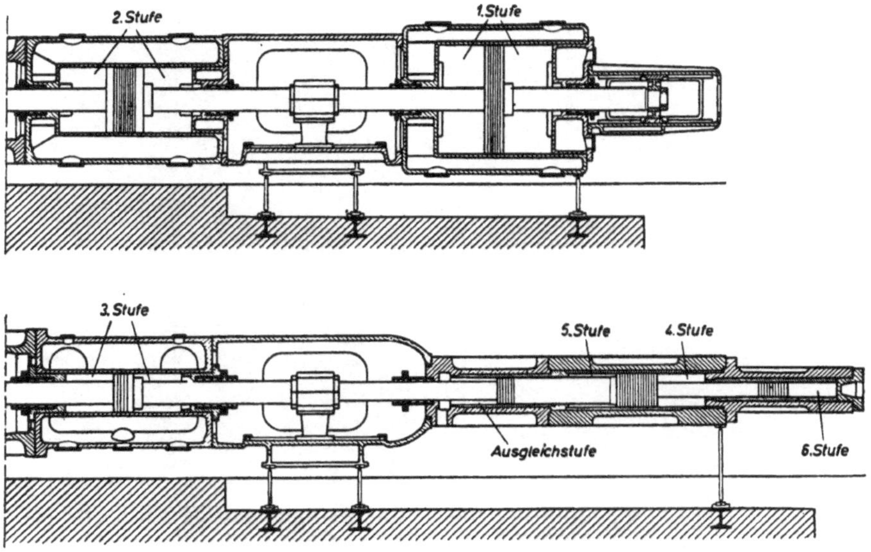

Abb. 43. Längsschnitt durch die Zylinder des Sechsstufen-Verdichters nach Abb. 42.
Mit Genehmigung der Fa. Borsig Aktiengesellschaft, Berlin-Tegel

Abb. 44. Liegender 6stufiger H. Dr.-Verdichter mit Antrieb durch Verbund-Dampfmaschine 12000 Nm^3/h auf 385 atü, hergestellt von der Borsig AG., Berlin-Tegel.

Abb. 45. Liegender 6stufiger H. Dr.-Verdichter, 4100Nm³/h 325 atü.
Mit Genehmigung der Fa. Halberg, Maschinenbau und Gießerei GmbH, Ludwigshafen am Rhein

Abb. 46. Liegender 7stufiger Höchstdruck-Verdichter 6200 Nm^3/h 900 atü.
Mit Genehmigung der Fa. Halberg, Maschinenbau und Gießerei GmbH, Ludwigshafen am Rhein

Hub mm Minderhub u. Vollhub	560	630	710	800	900	1000	1120	1250
für Kolb.geschw. c_m = 4,16 m/s errechn. zuläss. Drehz. U/min	222	198	176	156	139	125	111	100
bei Drehstrom 50 Hz Anzahl d. Pole	28	32	36	40	44	48	56	60 64
zulässige statische Kolbenstang.kraft t	37,6		50,1		66,8		89,1	

Abb. 47. Typenreihe von Bajonettrahmen für große liegende Verdichter.

werden durch aufgesattelte Synchronmotore mit einer maximalen Nennleistung von 4000 bis 5000 kW angetrieben, die eine Anfahrleistungsaufnahme von etwa dem Dreifachen, also 12000 bis 15000 KVA, haben.

Daß die angegebenen Gesichtspunkte jedoch nicht immer ausschlaggebend sind, zeigt die Situation, wie sie in Amerika vorhanden ist.

Das Schema Abb. 38 zeigt einen modernen H.-Dr.-Synthesegas-Verdichter von CLARK, bei dem für jede Stufe ein Kurbelbetrieb in Boxeranordnung vorhanden ist. Die Vorteile dieser Bauart sind: größere Stückzahlen und kleinere Stückgewichte und kleinere Zylinderabmessungen,

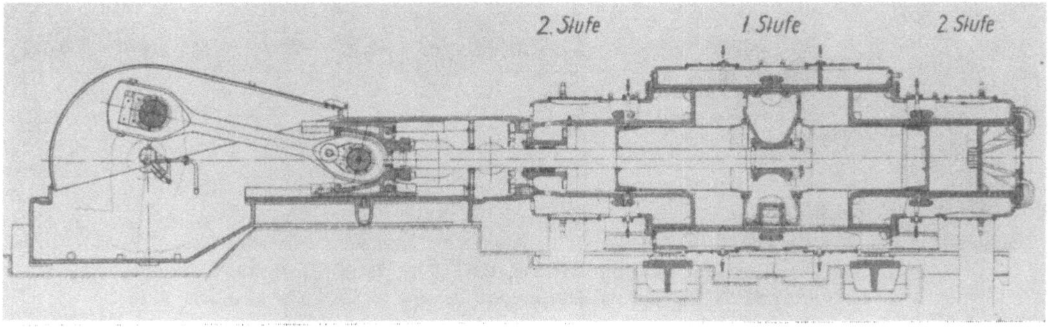

Abb. 48. Längsschnitt durch die N. Dr.-Seite eines liegenden H. Dr.-Verdichters (14400 m^3/h) in geteilter Zylinderbauart, Konstr.: KEB Berlin. Hersteller: VEB Maschinenbau Halberstadt.

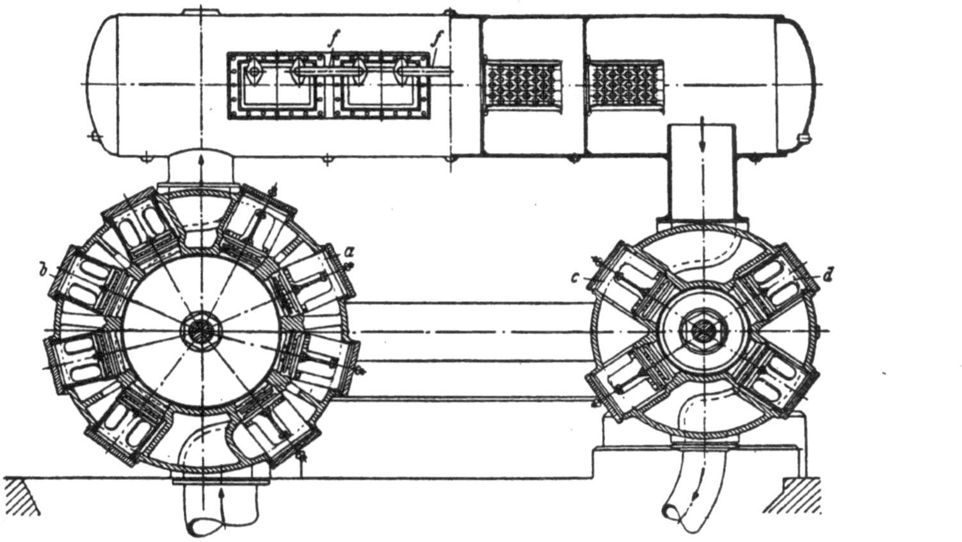

Abb. 49. Querschnitt durch die Zylinder eines liegenden zweistufigen Verdichters mit üblicher Ventilanordnung.
Mit Genehmigung der Fa. Borsig Aktiengesellschaft, Berlin-Tegel

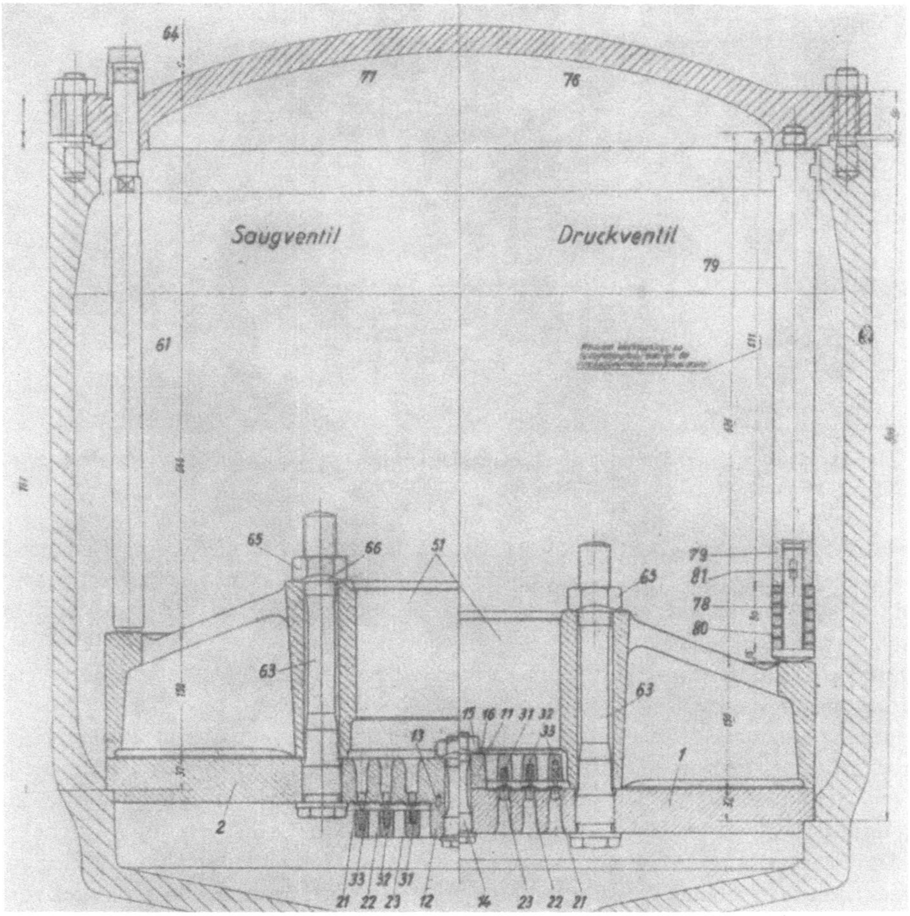

Abb. 50. Schnitt durch den Ventilraum der N. Dr.-Stufe eines Großverdichters mit Gruppenventil.

wenig Handarbeit und einfache Bearbeitung und Montage, höhere Drehzahl und billigerer Motor sowie leichteres Fundament und geringere Massenkräfte. Der Platzbedarf ist nicht wesentlich geringer als bei der langsamlaufenden Bauform, der spezifische Leistungsbedarf jedoch größer. Auch die Regelung ist bei der großen Zahl der Maschineneinheiten einfach und wirtschaftlich. Man schaltet nach Bedarf einzelne Maschinen zu oder ab.

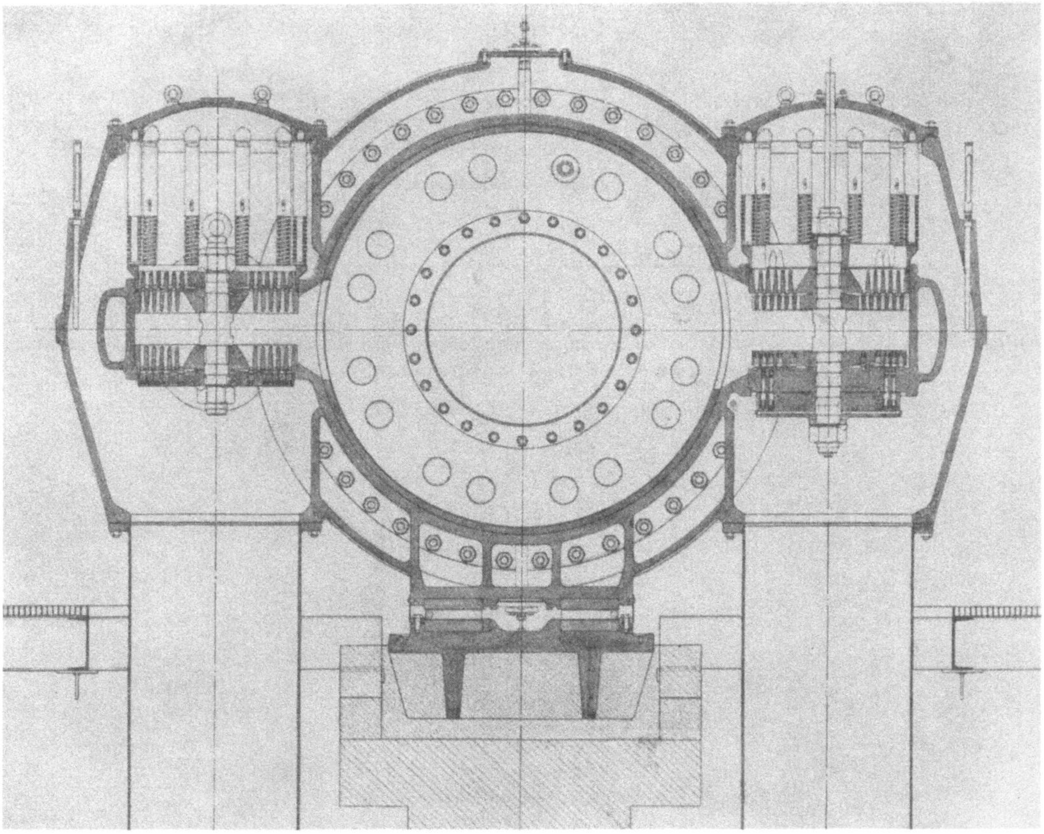

Abb. 51. Querschnitt durch den Zylinder der I. Stufe des Verdichters nach Abb. 48 mit seitlich angeordneten großen Zwillings-Ventilen.

Daß diese Vorteile anscheinend auch für europäische Verhältnisse von Bedeutung sind, beweist die Tatsache, daß Mannesmann-Meer eine ähnliche Bauart für Ferngasverdichter (5000 bis 18000 Nm^3/h auf 13 ata) und 2000 bis 9000 Nm^3/h als H.-Dr.-Verdichter aufgenommen hat.

In letzter Zeit sind von westdeutschen Firmen auch vielfach stehende Maschinen mit Drehzahlen um 300/min ausgeführt worden, wie sie bisher in England bevorzugt wurden.

Die deutsche Normalbauart als langsamlaufende liegende Maschine in der verschiedensten Zylinderanordnung, die von einer Arbeitsgemeinschaft unter Beratung der IG für die Hydrieranlagen entwickelt und in großer Zahl vor und während des Krieges gebaut wurde, kommt in dem sogenannten Einheits-Sechs-Stufen-Verdichter am deutlichsten zum Ausdruck. Sie hat sich im Dauerbetrieb bewährt und wurde in Westdeutschland nach dem Krieg mehrfach ohne wesentliche Änderungen weitergebaut. Für die Wiederaufnahme des Großverdichterbaues in der DDR waren die Voraussetzungen nicht besonders günstig, da die erforderlichen

Konstruktionen sowie Produktionsvoraussetzungen erst geschaffen werden mußten. Besonders schwierig ist nach wie vor die Fertigung der nicht ganz einfachen großen Guß- und Schmiedestücke.

Grundlage der Konstruktionen des KEB Berlin ist die Reihe der Bajonettrahmen von 500 bis 1200 mm Hub für Gestängekräfte von 38 bis 90 t und Leistungen von 900 bis 2000 kW.

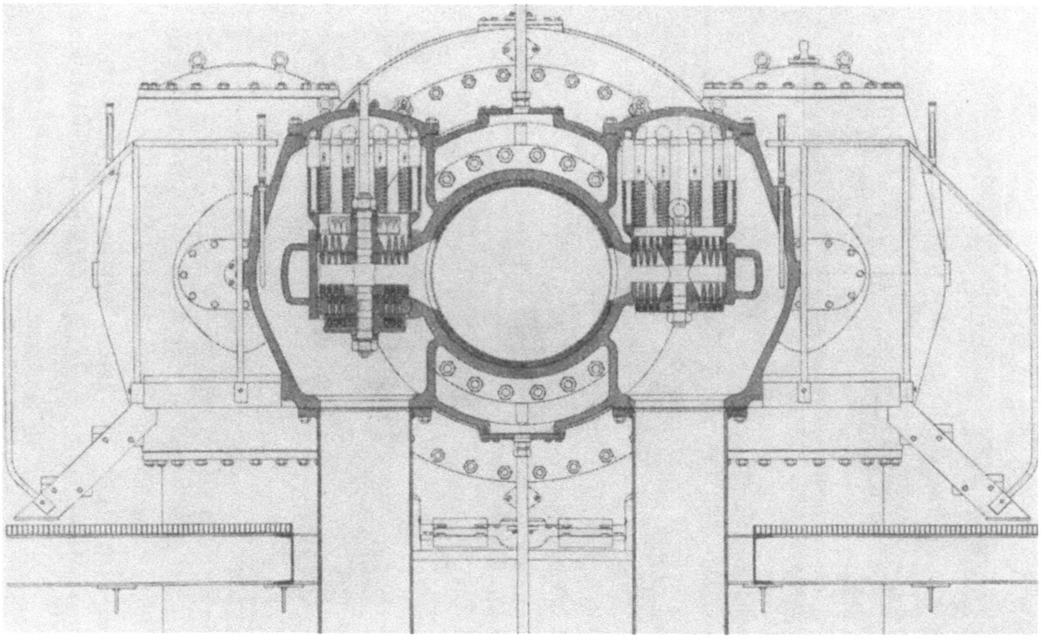

Abb. 52. Querschnitt durch die II. Stufe des Verdichters nach Abb. 48.

Bei der Konstruktion dieser Balkenrahmen und dem dazugehörenden Triebwerk hat man besonderen Wert darauf gelegt, daß die Montage der Triebwerksteile möglichst einfach ist, d. h. die Ausführung so zu wählen, daß man die Teile unmittelbar mit dem Kran fassen kann. Dies ist zweifellos ein wesentlicher Fortschritt.

Als weitere Änderung gegenüber der früheren Ausführung ist die Befestigung der Kolbenstange und des Kolbens zu nennen, bei der die Verwendung eines kerbempfindlichen und teuren großen Gewindes vermieden wird. Auch das Verspannen der Verbindung, das in der bisherigen Ausführung durch Schlagschlüssel oder mit dem Kran unter Zwischenschaltung einer Kranwaage erfolgen mußte, ist wesentlich einfacher.

Die Ausbildung der Niederdruckzylinder ist wesentlich geändert worden. Die Ventile großer Niederdruckzylinder werden meist am Zylinderumfang verteilt, wodurch eine nicht unerhebliche Verminderung des tragenden Gußquerschnittes eintritt. Auch die Auswechslung der schräg liegenden Ventile ist nicht sehr bequem. Eine andere Möglichkeit ist die vertikale Anordnung der sogenannten Gruppenventile, wie sie in den ersten beiden Stufen des Einheitssechsstufen-Verdichters ausgeführt ist. Der Ein- und Ausbau erfolgt mit Hilfe einer Vorrichtung durch einen Kran. Meist wird bei einem Ventilplatten- oder Federschaden das ganze Ventil mit dem Ventilkorb ausgebaut. Der Schadraum wird relativ groß.

Die vom KEB Berlin entwickelte Ausführung ordnet zwei Gruppenventile oder große Einzelventile seitlich, aber horizontal an, so daß ein Einbau unmittelbar durch den Kran erfolgen kann.

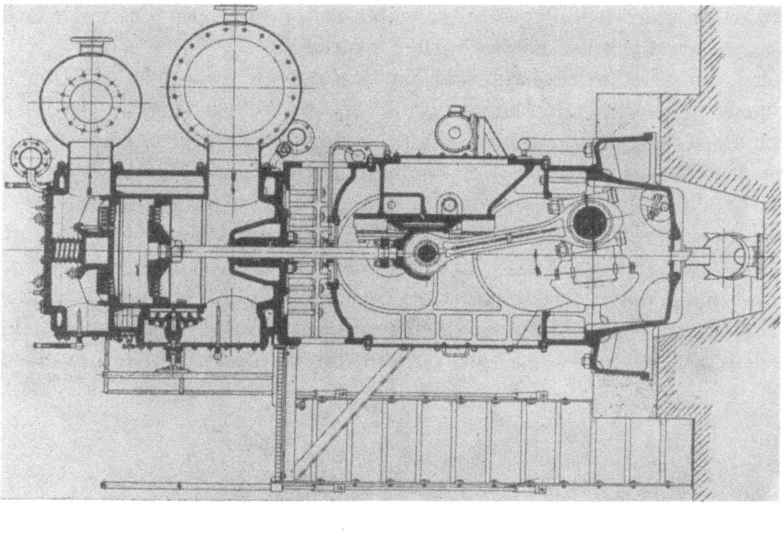

Abb. 53. Querschnitt durch den Zylinder I. Stufe eines stehenden 3stufigen Sechskurbel-Verdichters 7200 Nm³/h 28 atü in Gleichstrom-Ausführung. Konstr.: KEB Berlin. Hersteller: VEB Maschinenbau Halberstadt.

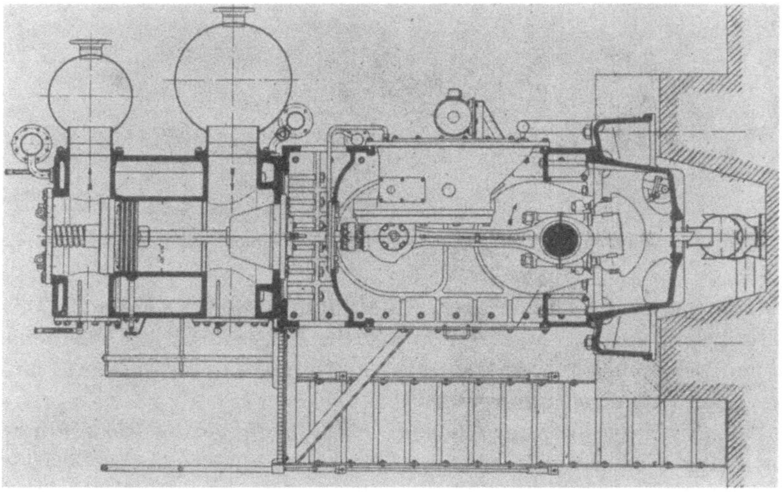

Abb. 54. Querschnitt durch die II. Stufe des gleichen Verdichters wie Abb. 53.

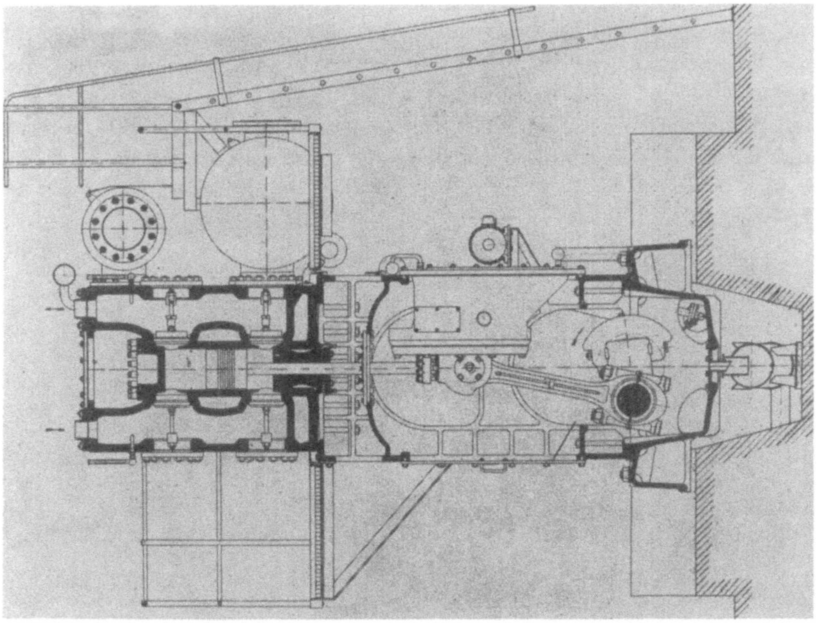

Abb. 55. Querschnitt durch die III. Stufe (doppeltwirkend) der gleichen Maschine wie Abb. 53.

Da durch den z. T. dreiwandigen Guß sehr leicht Gußspannungen auftreten, ist der Zylinder in zwei Teile geteilt, zwischen die eine Laufbuchse geklemmt ist. Die getrennte Laufbuchse vermindert ebenfalls die Ausschußgefahr des Zylinders durch Lunker in der Lauffläche und ermöglicht die Auswechslung der Buchse nach Verschleiß.

Die Schnittzeichnung zeigt eine Ausführung für einen liegenden Sechsstufen-Verdichter, der nach Polen geliefert wurde. Eine Konstruktion eines stehenden dreistufigen Sechskurbel-Gasverdichters für die Leuna-Werke zeigt das nächste Bild. Im Gegensatz zu den Gleichstrom-Zylindern der I. und II. Stufe ist der Zylinder der III. Stufe doppeltwirkend.

Abb. 56. Zweistufiger Demag-Rotations-Verdichter Type RC in Zweigehäuse-Bauart und mit Saugabsperr-Regelung.
Mit Genehmigung der Fa. DEMAG A-G, Duisburg

Bei diesen Maschinen ist die Wirtschaftlichkeit in erster Linie bedingt durch die Kosten für den Energiebedarf, die je nach dem Energiepreis etwa 70 bis 80% betragen. Jede Einsparung an Leistungsbedarf rechtfertigt somit einen erheblichen Mehraufwand für die Ausführung der Maschine. Das ist auch zu ersehen aus der Tatsache, daß kürzlich für Oppau von Borsig eine siebenstufige Maschine für 325 atü gefertigt wurde, wahrscheinlich um den isothermischen Wirkungsgrad weiter heraufzusetzen.

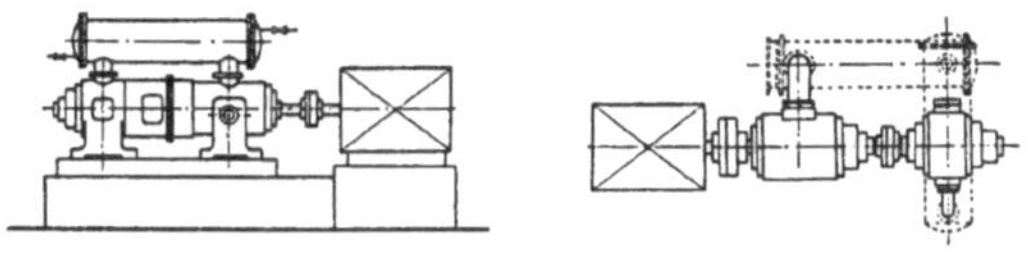

Type		RC 030	RC 050	RC 085	RC (112)	RC 160	RC (200)	RC 270	RC (320)	RC 410	RC (470)	RC (580)	RC 720
Drehzahl	U/min	1450	1450	980	980	735	735	585	585	485	485	416	416
Liefermenge	m^3/h	245,5	408	728	930	1384	1690	2315	2675	3525	3990	4960	6045
Leistungsbedarf an Kupplg. bei 7atü	PS	35,5	56	93,5	123	173	214	282	331	437	494	601	768
η_{is-K}	7atü	0,53	0,56	0,60	0,58	0,62	0,61	0,63	0,62	0,62	0,52	0,62	0,61
		Kühler obenliegend			Kühler u. Kondensatbehälter unter Flur liegend								

Abb. 57. Typenreihe der Demag-Rotations-Verdichter.

Zu den Verdichtern mit Verdrängungswirkung gehören bekanntlich auch die Drehkolbenverdichter. Hier will ich nur auf die Vielzellenverdichter kurz eingehen, die in Westdeutschland von Wittig, der Demag sowie Klein- Schanzlin und Becker, Frankenthal, gebaut werden und die sich neben den stehenden schnellaufenden Kolbenverdichtern gut durchgesetzt haben. Die Demag baut ein- und zweistufige Maschinen in ein- und zweigehäusiger Bauart für Förderströme von 250 bis rd. 6000 m^3/h mit Drehzahlen von 1450 bis 416/min und gibt dafür Wirkungsgrade von 53 bis 62% bei 7 atü Gegendruck an. Im Durchschnitt kann damit gerechnet werden, daß der Wirkungsgrad dieser Maschinen etwa $^9/_{10}$ von dem eines guten Langsamläufers beträgt, dafür aber die Maschine nur $^2/_3$ des Preises kostet. Im allgemeinen ist der Ölverbrauch wesentlich höher und erfordert eine gute Ölabscheidung und -aufbereitung, um die Kosten für die Schmierung möglichst gering zu halten. Die weiteren Vorteile dieser Maschine sind: die kontinuierliche Förderung, leichtes Fundament, da keine freien Massenkräfte auftreten, unmittelbarer Antrieb.

In der DDR ist diese Bauart auch aufgenommen worden, obwohl Erfahrungen hierüber nicht vorliegen. Bisher wurde eine ein- und zweistufige Type mit einem Förderstrom von 630 m^3/h vom VEB Kompressorenbau Bannewitz in Serie gefertigt. Weitere Typen bis 6300 m^3/min sind in Entwicklung.

PROBLEME DES KOLBENVERDICHTERBAUES

Wie ich schon anfangs sagte, kann die konstruktive Entwicklung der Bauarten von Kolbenverdichtern für den weitaus größten Umfang des Bedarfs im wesentlichen als abgeschlossen angesehen werden. Eine Steigerung der Drehzahl ist im Hinblick auf den spezifischen Leistungsbedarf und die Betriebssicherheit der Ventile nicht zu erwarten, obwohl, besonders bei den großen Leistungen, eine solche von seiten des Triebwerkes möglich wäre, wenn man durch den Leichtbau der Triebwerksteile die Massen heruntersetzt. Der Förderstrom je Einheit ist mit 20000 bis 30000 m^3/h bereits in dem Gebiet, in dem der Turboverdichter wirtschaftlich wird. Auch hier ist die Kolbenmaschine im Wirkungsgrad noch 5 bis 10% besser. Bei Großanlagen ist aber oft, wie auch das Beispiel des Bauvorhabens „Schwarze Pumpe" zeigt, nicht nur die Wirtschaftlichkeit der Einzelanlage maßgebend, sondern die des gesamten Betriebes, die im Fall „Schwarze Pumpe" durch den Dampfbedarf der Braunkohlentrocknung wesentlich bedingt ist. Eine Entwicklung auf noch höhere Drücke von mehr als 1000 atü ist vielleicht im Zusammenhang mit der Erzeugung synthetischer Kunststoffe möglich und dann natürlich ein Problem der Abdichtung und der Werkstoffe. Auch hier, bei den Hochdruck-Metallpackungen, liegt wieder ein typischer Fall rein empirischer Entwicklung vor. Diese Packungen wurden für hohe Drücke und Stangendurchmesser fast ausschließlich von einer kleinen Spezialfabrik (Krantz-Mannheim) entwickelt und liefen zufriedenstellend, ohne daß von irgendeiner Stelle ein ernstlicher Versuch unternommen wurde, die Wirkung solcher Metallringpackung, d. h. den Druckabfall längs der Packung, den Einfluß des Öles sowie des Stangen- und Dichtungsmateriales und der Zahl der Kammern sowie der Schrägungswinkel der Dichtungsringe festzustellen. Da man teilweise hier mit den nachgebauten Packungen Schwierigkeiten hat, wird z. Z. eine Einrichtung gebaut, an der diese Fragen geklärt werden sollen. Ein weiteres Problem ist die periodische Strömung, die durch die Kolbenbewegung bedingt ist und verschiedene Erscheinungen beim Arbeiten des Verdichters zur Folge hat, wie z. B. die Erhöhung oder Verringerung des angesaugten Volumenstromes, Erhöhung des spezifischen Leistungsbedarfes durch ungünstige Druckschwankungen besonders auf der Druckseite und Erschütterungen der Leitungen. Die theoretischen Voraussetzungen sind hierfür größtenteils geklärt durch Arbeiten, die ähnliche Probleme bei Betrieb des 2-Takt-Dieselmotors betreffen, und eine kürzlich an der TH Hannover erschienene Arbeit (Prof. Klüsener), die sich auf Kolbenverdichter bezieht. Die praktische Anwendung steht aber noch aus, und bei allen Fällen wird die Länge der Saugleitungen sowie die Größe der Ventilräume und baulichen Gegebenheiten bestimmt, ohne daß man sich über die Wirkung und ihren Einfluß auf die Wirtschaftlichkeit klar wird.

Eine wirklich objektive Beurteilung der Wirtschaftlichkeit verschiedener Bauarten ist sehr erschwert durch die Tatsache, daß reelle Leistungsbedarfszahlen sowie Gestehungs- und sonstige Betriebskosten nur wenig ermittelt und auch bekannt wurden. Die meisten Betriebe begnügen sich damit, daß ein möglichst störungsfreier Betrieb erreicht wird und die benötigte Förderleistung vorhanden ist. Auch die Beschaffung wird meist nicht auf Grund einer objektiven Beurteilung der Wirtschaftlichkeit entschieden, sondern vielmehr noch recht zufälligen Umständen und Ansichten sowie Beschaffungsmöglichkeiten untergeordnet. Nur so ist auch die Vielzahl der Ausführungen auf dem Gebiet der Mittel- und Kleinverdichter zu erklären und die Tatsache, daß z. B. die Demag für gleiche Leistungen und Drücke langsamlaufende und schnellaufende Kolbenverdichter und gleichzeitig auch Rotationsverdichter baut. Man will eben für jeden „Geschmack" eine passende Maschine anbieten können. Obwohl in der Planwirtschaft eigentlich eine solche Tendenz unsinnig ist und das Prinzip der Wirtschaftlichkeit für die Auslegung und Entwicklung maßgebend sein müßte, ist bisher auch in der DDR nicht allzuviel davon zu merken. Das liegt aber nicht einmal so sehr auf der rein technischen Seite, obwohl auch dort noch viele Unterlagen zur Beurteilung der Wirtschaftlichkeit fehlen, sondern vielmehr auf dem kaufmännischen Sektor. Hinsichtlich der Preisgestaltung ist nämlich ein Durcheinander vorhanden, das der Außenstehende nicht versteht. Kleine Maschinen werden wesentlich teurer angeboten als große Maschinen gleicher Bauart, weil neu entstehende Modellkosten dem ersten Käufer anscheinend voll angerechnet werden. Eine Maschine in modernisierter Ausführung, die an die Stelle einer gleichgroßen, schon oft ausgeführten und weiter zu bauenden Type tritt, wird um fast 50%(!) teurer.

Ein Problem ist noch die Schmierung der Zylinder und die zulässige höchste Drucktemperatur, für deren Grenzen von 160° bzw. 200° C eine wissenschaftliche Begründung noch nicht bekannt ist. Es liegen hier eigentlich drei verschiedene „Gefahrenzustände" vor: 1. Selbstzündung eines Luft-Schmiermitteldampf-Gemisches. Hierfür sind die leichtsiedenden Bestandteile des Schmieröles ausschlaggebend. 2. Verkokung des Öles, Zusetzen der Ventile und Absetzen von Ölkoks an den Wandungen der Druckleitungen sowie Windkessel. 3. Unbeabsichtigtes starkes Überschreiten der normalen Drucktemperatur bei undichten Ventilen. Meist ist erst ein solcher nicht ordnungsgemäßer Betrieb der Maschine die Ursache von auftretenden Schäden, die meist nicht zu Verpuffungen, sondern zum Ausglühen von Koksansatz führen. Man ist daher bestrebt, mit wachsendem Druck und steigender Temperatur die Zähigkeit und den Flammpunkt des Schmieröls möglichst hoch zu wählen. Kürzlich durchgeführte Versuche an schnellaufenden Kleinverdichtern mit hohen Drucktemperaturen über 200° C haben mit Öl geringer Zähigkeit und einem Flammpunkt unter 200° C bessere Betriebsergebnisse gezeigt als mit einem zähen Öl. Dieses zeigte starke Koksbildung, was auch aus einem höheren Wert der Conradson-Zahl zu erwarten war.

Mit der Ölfrage wird ein besonders in letzter Zeit stärker betontes Sonderproblem angeschnitten; ich meine den Trockenlaufverdichter. Die ersten Maschinen dieser Art wurden meines Wissens von den Skoda-Werken herausgebracht für die Verwendung in der Brauerei zum Bierabfüllen. Wenn man auch eine genügende Entölung der Druckluft durch Watte- und Koksfilter erreichen kann, so ist doch besonders auf dem Chemiesektor in vielen Fällen ein von Öl freies Fördermittel erwünscht. In Westdeutschland wird von mehreren Firmen, z. B. von Sulzer, ein solcher Verdichter auch in mehrstufiger Bauart ausgeführt und ist auch der von der GHH und der Aerzener Maschinenfabrik gefertigte Schraubenverdichter Bauart Lysholm besonders für diese Zwecke gedacht. Neben der Verwendung nichtrostender Materialien sind die Kohlering- oder Kunststoff-Dichtung für Kolben und Kolbenstange sowie die Labyrinth-Dichtung die beiden Möglichkeiten, die öllose Abdichtung zu erreichen. In der DDR wird dieses Problem besonders von dem KEB in Wurzen verfolgt und sind solche Maschinen zunächst besonders für die Verdichtung und Verflüssigung von CO_2 gebaut und geliefert worden. Das nächste Ziel ist der Trocken-Sauerstoffverdichter, der, bisher mit Wasserschmierung und Manschettendichtung ausgeführt, dadurch verbessert werden kann.

Das wichtigste Problem des Kolbenverdichters, das noch einer wissenschaftlichen Bearbeitung bedarf, ist das Ventilproblem. Es umfaßt zwei Fragen: 1. Wie ist das Ventil auszuführen, um eine einwandfreie Arbeitsweise ohne verpätetes Öffnen oder Schließen sowie Flattern der Ventilplatte zu erreichen? 2. Welches ist das bestgeeignete Plattenmaterial, das die wiederum von der Bewegung der Ventilplatte abhängenden Schlagbeanspruchungen aushält und welche Qualitätsmerkmale sind eigentlich dafür maßgebend? Die zweite Frage ist durch systematische Laufzeitmessungen der Ventilplatten von liegenden Hochdruckverdichtern mit geänderten Gefügezuständen des Materials im Chemie-Werk Leuna einer Klärung näher gebracht worden. Nach den vorliegenden Ergebnissen steht fest, daß sowohl das Gefüge und besonders die Reinheit des Blechmaterials als auch die Fertigungsverfahren eine ausschlaggebende Rolle für die Lebensdauer spielen. Für die normalen Gas- und Luftverdichter ist ein zähharter Kohlen-

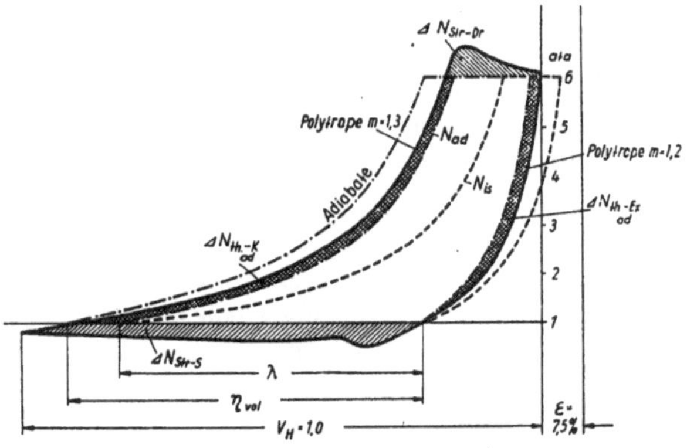

Abb. 58. Aufteilung des Mehrbedarfes der indizierten Leistung gegenüber dem adiabatischen und isothermischen Vergleichsprozeß.

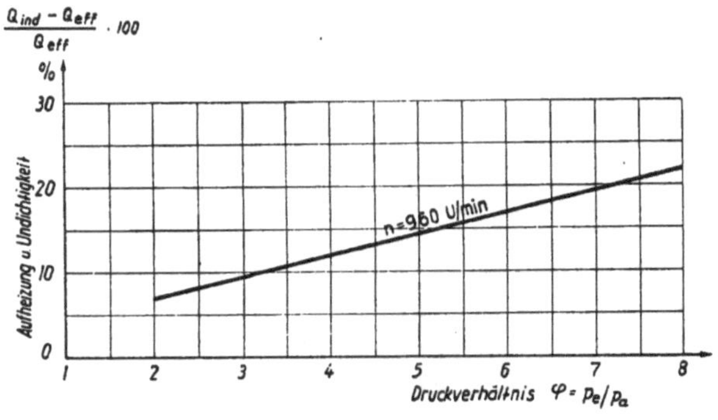

Abb. 59. Aufheizungs- und Undichtigkeitsfaktor eines schnellaufenden einstufigen Verdichters.

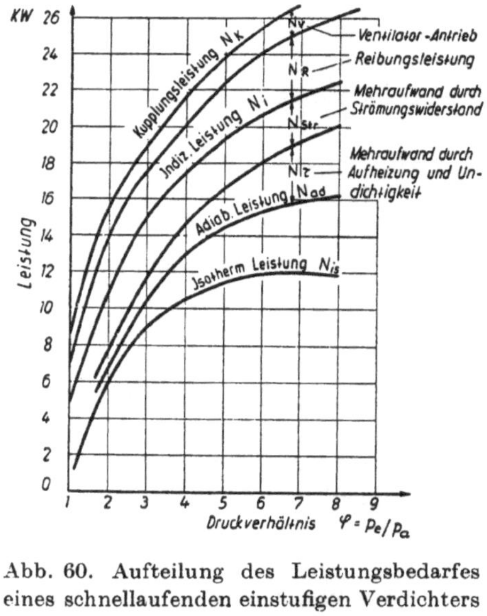

Abb. 60. Aufteilung des Leistungsbedarfes eines schnellaufenden einstufigen Verdichters bei verschiedenem Enddruck.

stoff-Vergütungsstahl mit 0,75% Kohlenstoff (C 75 W 1) gut geeignet, wenn es sauber erschmolzen, die Kokile geschält wird und die Bleche sauber ausgewalzt werden. Für Kälteverdichter dagegen ist wegen der tieferen Temperaturen, in denen besonders die Saugventilplatten arbeiten, ein legierter Stahl (50 Cr. V 4) erforderlich. Die Frage, ob ein spannungsfreies Glühgefüge oder ein hochvergüteter Zustand besser ist, scheint unwichtiger zu sein als vor allen Dingen schlackenfreies, nicht zeilenförmiges, sondern absolut gleichförmiges Gefüge. Aus der Fertigung ist besonders der Zustand der Oberfläche, d. h. die letzte Art der Bearbeitung maßgebend. Ein grober Schliff quer über die Plattenfläche ist hier besonders ungünstig infolge der Kerbwirkung. Da der endgültige Zustand der Platte wahrscheinlich erst nach einer Einlaufzeit erreicht wird, während der sie sich dicht schlägt, erscheint es zweckmäßiger, die Platten nur fein zu schlichten, wenn man keinen tangentialen Feinschliff herstellen kann. Über die erste Frage, die Arbeitsweise des Ventils, liegen bisher nur wenige Untersuchungen vor. Tatsache ist, daß die Baumaße und Größe von normalen Plattenventilen schon in einer Normreihe festgelegt sind, aber die wichtigsten Größen, wie zulässiger Hub bzw. Drehzahl, Plattenstärke sowie Stärke der Ventilfeder, sind nach reinen Erfahrungswerten des Konstrukteurs gewählt worden. Da das bisher in der DDR gefertigte Plattenmaterial sich nicht bewährt hat, wird ein erheblicher Teil von Blechmaterial aus Österreich (Schöller und Bleckmann) bezogen, obwohl die Voraussetzungen für die Herstellung von C 75 in der erforderlichen Güte hier gegeben sind. Durch Einschaltung der Stahlberatungsstelle hofft man, eine zuverlässige Fertigung zu erreichen und nach mehreren Mißerfolgen zum Ziel zu kommen.

Die Entwicklung der Verdichter größerer Leistung hat neben der Erhöhung der Betriebssicherheit und der Verringerung der Verschleißerscheinungen in erster Linie die Erhöhung des

Wirkungsgrades zum Ziel. Die Grundlage hierzu kann nur durch die eingehende Untersuchung der ausgeführten Maschinen gewonnen werden. Solche Untersuchungen sind naturgemäß meist nur am Aufstellungsort der Maschine möglich und sollen einen möglichst genauen Einblick ergeben, wodurch der Mehraufwand an Leistung gegenüber dem theoretischen Bedarf bedingt ist. Mit der genauen Messung des Förderstromes und des Leistungsbedarfes gibt die Indizierung und eingehende Auswertung der Indikatordiagramme diese Möglichkeit.

Bei einigen solchen Messungen wurde der indizierte Leistungsbedarf nach dem angegebenen Schema Bild 58 aufgeteilt und daraus der Mehrbedarf gegenüber adiabatischer Verdichtung bestimmt, der entstanden ist:

a) durch Strömungswiderstände in den Ventilen und auch durch zu kleine Ventilräume;

b) durch die Aufheizung beim Ansaugen sowie den vermindernden Einfluß der Zylinderkühlung.

Zuerst zeige ich das Ergebnis der Untersuchung des einstufigen stehenden Schnelläufers mit Luftkühlung Typ 301 bei n = 960/min. Der Aufheizungs- und Undichtigkeitsfaktor

$$\frac{Q_{ind}}{Q_{eff}} \text{ als Funktion des Druckverhältnisses}$$

steigt von 1,07 bis 1,22. Bild 60 zeigt die Aufteilung des gesamten Leistungsbedarfes in die Einzelbeträge. Besonders hoch ist bei den schnelllaufenden Verdichtern die Reibungsleistung, zu der hier noch der Bedarf für die Luftkühlung hinzukommt.

Besser sind die Verhältnisse in der Darstellung des Mehrbedarfes gegenüber der Adiabate zu erkennen. Der Aufwand durch die Strömungswiderstände fällt mit steigendem Druckverhältnis, während der Aufwand durch die Aufheizung und Undichtigkeit sowie für die Reibung steigt. Die Reibung erfordert den größten Mehrbedarf. Im Diagramm Abb. 61b sind die Relativwerte dieser Beträge dargestellt.

Der gesamte Mehrbedarf gegenüber der Adiabate beträgt bei $\varphi = 7$ ca. 70%, so daß ein adiabatischer Wirkungsgrad von nur 59% erreicht wird.

Ich hatte Gelegenheit, eine gleichartige Untersuchung an dem stehenden großen Gleichstrom-Ferngas-Verdichter, allerdings nur bei Luftbetrieb, durchzuführen.

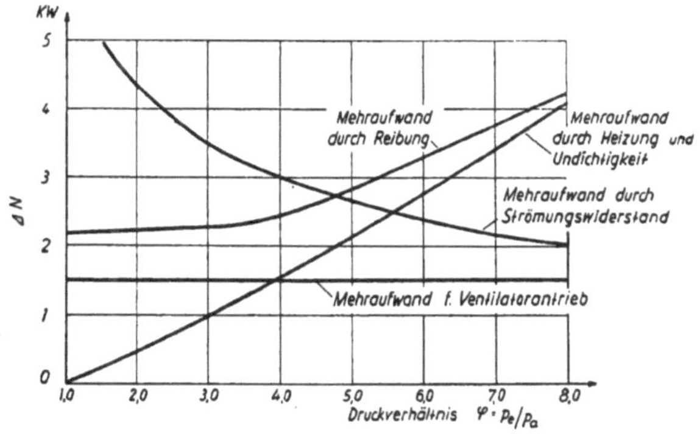

Abb. 61a. Leistungsmehraufwand gegenüber adiabatischer Verdichtung eines schnellaufenden einstufigen Verdichters.

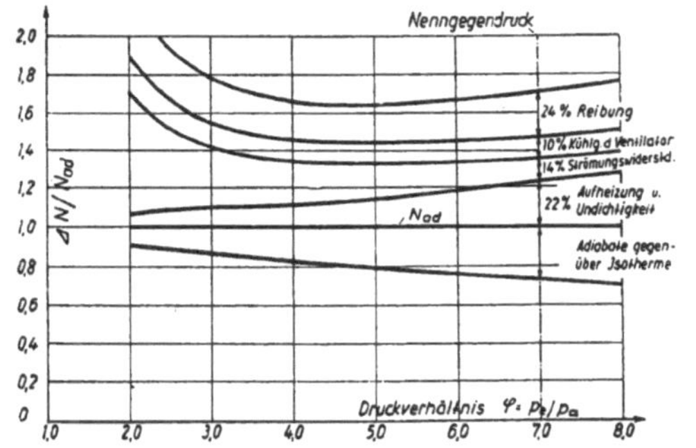

Abb. 61b. Relativer Mehrleistungsbedarf gegenüber adiabatischer Verdichtung bei einem schnellaufenden einstufigen Verdichter.

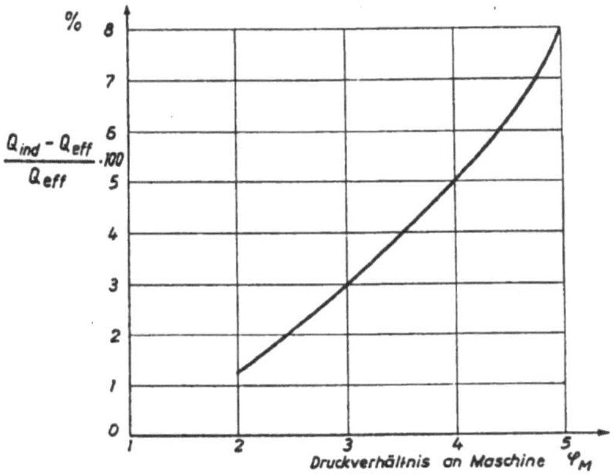

Abb. 62. Aufheizungs- und Undichtigkeitsfaktor eines einstufigen Gleichstrom-Verdichters größerer Leistung.

Der Wert $\frac{Q_{ind} - Q_{eff}}{Q_{eff}}$ ist hier wesentlich kleiner, was auf die Gleichstrom-Arbeitsweise zurückzuführen ist.

Die Aufteilung des gesamten Leistungsbedarfes zeigt eine weitere interessante Verschiebung. Der Einfluß der Kühlung während der Verdichtung ist für kleine Druckverhältnisse größer

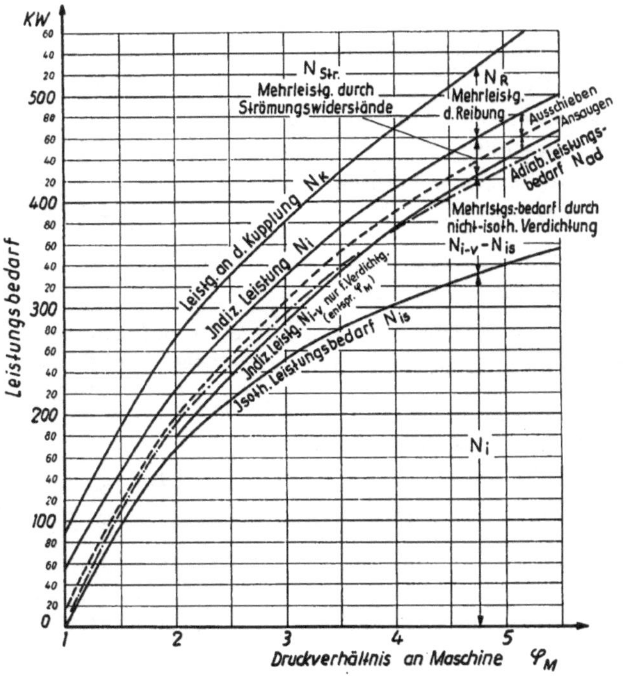

Abb. 63. Aufteilung des Leistungsbedarfes eines einstufigen Gleichstrom-Verdichters größerer Leistung.

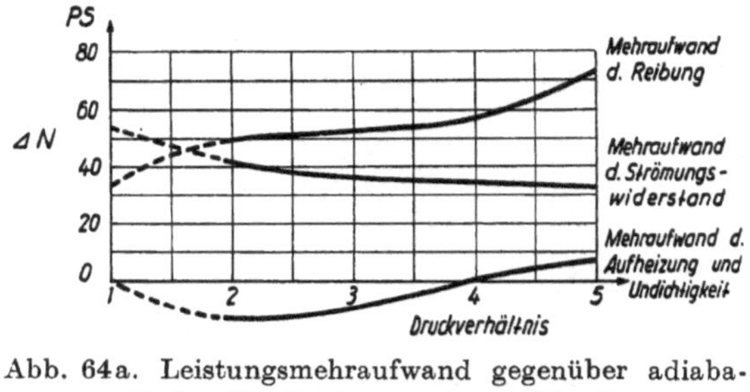

Abb. 64a. Leistungsmehraufwand gegenüber adiabatischer Verdichtung entspr. Abb. 63.

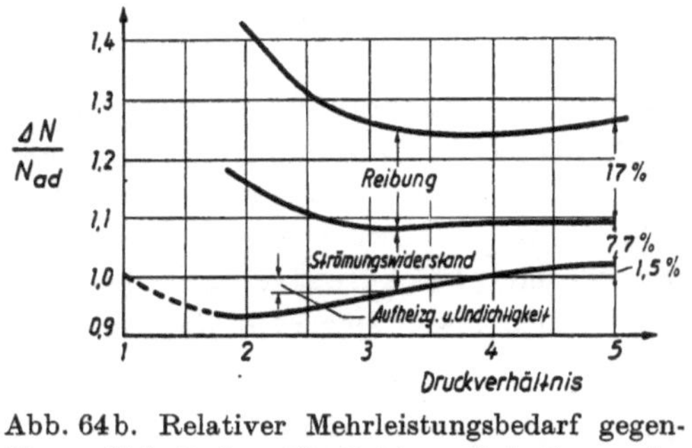

Abb. 64b. Relativer Mehrleistungsbedarf gegenüber adiabatischer Verdichtung bei einem einstufigen Gleichstrom-Verdichter größerer Leistung.

als die Aufheizung und Undichtigkeit, so daß der Bedarf für die Verdichtung ohne Saugdruckwiderstände kleiner ist als der adiabatische Leistungsbedarf.

Die gleichartige Darstellung des Leistungsmehrbedarfes — absolut und relativ — zeigt daher gegenüber der ersten Maschine einen etwas anderen Verlauf. Der Mehrbedarf gegenüber der Adiabate beträgt zwischen $\varphi = 3$ und 5 rd. 25 %, so daß ein adiabatischer Wirkungsgrad von 80% erhalten wird. Die Abb. 65 zeigt die Werte des Mehrbedarfes gegenüber der Adiabate für einen großen liegenden Sechsstufen-Verdichter, aufgeteilt für die einzelnen

Stufen bei konstantem Gegendruck. Wir sehen, daß bei den Niederdruckstufen der Mehrbedarf für die Strömungswiderstände, bei den Hochdruckstufen trotz des kleineren Druckverhältnisses die thermischen Einflüsse überwiegen. Bei dieser Aufteilung wurde noch der Mehraufwand durch nicht vollständige Rückkühlung auf die Kühlwasser-Eintrittstemperatur erfaßt, der 3 bis 4% beträgt. Bei der liegenden langsamlaufenden Maschine beträgt der Mehraufwand für die Reibung nur ca. 7% gegenüber 17 bzw. 24% bei den anderen beiden Maschinen. Der adiabatische Wirkungsgrad beträgt 79% entsprechend einem gesamten Mehraufwand von 19,5%.

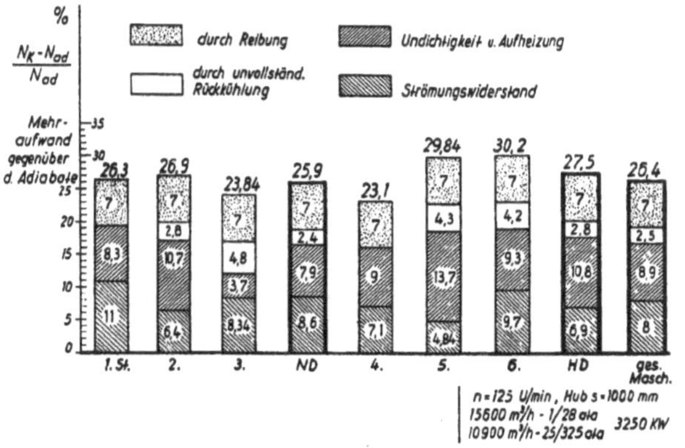

Abb. 65. Relativer Mehrleistungsaufwand gegenüber adiabatischer Verdichtung bei einem großen liegenden Sechsstufen-Verdichter.

[DISKUSSION]

Herr Jante weist darauf hin, daß in seinem Institut eine Typenreihe von Ölbadfiltern und Zyklonen entwickelt wurde, die auch von den Kompressorenbauern verwendet werden kann. Auf seine Frage nach der Ventilzwangssteuerung erklärt Herr Christian, daß die vom Gegendruck abhängige Steuerung hier Schwierigkeiten macht. Bei festen Steuerzeiten werden zusätzliche Rückschlagventile benutzt. Herr Pohlenz macht auf die Strömungslehre aufmerksam, durch deren Anwendung bei mehrstufigen Verdichtern 8% Einsparung an Antriebsleistung möglich war. Herr Christian bestätigt das und weist auf die dynamischen Verhältnisse in den Leitungen hin. Herr Jante verweist dazu auf die Dissertation Hofmann. Herr Pauer schneidet die Frage der optimalen Abgenzung der Kolbenmaschine von den Turbokompressoren an. Herr Faltin berichtet von Entwurfsarbeiten für einen Turbokompressor 70000 m^3/h, 620 atü mit einem thermischen Wirkungsgrad von fast 60%. Herr Boie berichtet über Betriebserfahrungen an Drehkolbenkompressoren. Herr Wirth berichtet von Gußschwierigkeiten der Zylinder von 6000 kW-Kolbenverdichtern. Ventilplatten und Ventilsitze sind mit Erfolg aus Kunststoff bzw. Perlon hergestellt worden. Herr Wirth zeigt den Bedarf an Trockenverdichtern für die Platinzyklisierung des Benzins auf. Herr Jante erinnert daran, daß er schon früher mit Rücksicht auf diese Entwicklung vom Bau der Verbleiungsanlagen abgeraten hat, daß die Chemiker aber damals glaubten, noch 10 bis 15 Jahre für die Entwicklung der Platinzyklisierung zu brauchen. Der schnellere Abschluß der ersten Entwicklungsstufe schafft nun hier eine neue Lage, aus der die erforderlichen Konsequenzen gezogen werden müssen.

W. Pohlenz

Konstruktive Entwicklung der Kolbendampfmaschine auf ihren Hauptanwendungsgebieten in den letzten zehn Jahren

Wenn man heute über die Kolbendampfmaschine sprechen will, so lautet die erste Frage, die sofort mit Recht gestellt wird: „Ist im Zeitalter des Elektromotors, des Verbrennungsmotors und der Dampf- und Gasturbine der Bau von Kolbendampfmaschinen noch sinnvoll?" DIESEL überschrieb bereits 1893 seine erste Veröffentlichung mit „Theorie und Konstruktion eines rationellen Wärmemotors zum Ersatz der Dampfmaschine und der heute bekannten Wärmemotoren". Tatsächlich ist die Zahl der z. Z. jährlich neugefertigten Dampfmaschinen im Vergleich zu der der Brennkraftmaschinen verschwindend klein, und von der jährlichen Zunahme der gesamten Kraftmaschinenleistung entfällt auf die Dampfmaschine weniger als 1%. Auch daß z. Z. in der DDR die wenigen Betriebe, die stillgelegte alte Dampfmaschinen instand setzen können, mit Aufträgen stark überlastet sind, beweist nur die noch ungenügende allgemeine Energieversorgung, die die Betriebe zur Eigenstromversorgung veranlaßt, ist aber als eine Notmaßnahme zu betrachten. Als Hinweis für die Beachtung, die auch heute noch der Kolbendampfmaschine geschenkt wird, kann dagegen angesehen werden, daß die Zeitschrift „Brennstoff — Wärme — Kraft" im Dezember 1954 ein Fachheft der Frage der Grenzen des wirtschaftlichen Anwendungsbereiches der Dampfmaschine widmete und in der ZVDI im September 1956 ein Jahresbericht über Dampfmaschinen gegeben wurde. Diese Tatsachen sind darauf zurückzuführen, daß nach jahrzehntelanger Stagnation kurz vor dem zweiten Weltkrieg — angeregt durch die Erfolge der raschlaufenden Verbrennungsmotoren — die konstruktive Weiterentwicklung der Dampfmaschine wieder aufgegriffen wurde und z. Z. noch in vollem Fluß ist. Besonders bemerkenswert ist dabei, daß in Westdeutschland auch Firmen, die Dampfturbinen fertigen, trotz des hohen Entwicklungsstandes dieser Maschinen seit 1949 neue Typenreihen für ortsfeste Kolbendampfmaschinen im Leistungsbereich von etwa 20 bis 700 kW entwickelt haben. Insgesamt haben 9 westdeutsche Firmen seit dem zweiten Weltkrieg neue Typenreihen für ortsfeste Kolbendampfmaschinen auf den Markt gebracht. Die dabei bei Einfach-Expansionsmaschinen verwendeten Höchstdrehzahlen in Abhängigkeit von der Nutzleistung des Einzelzylinders sind Abb. 1 zu entnehmen. Die mögliche Drehzahlsteigerung ist bei Kolben-

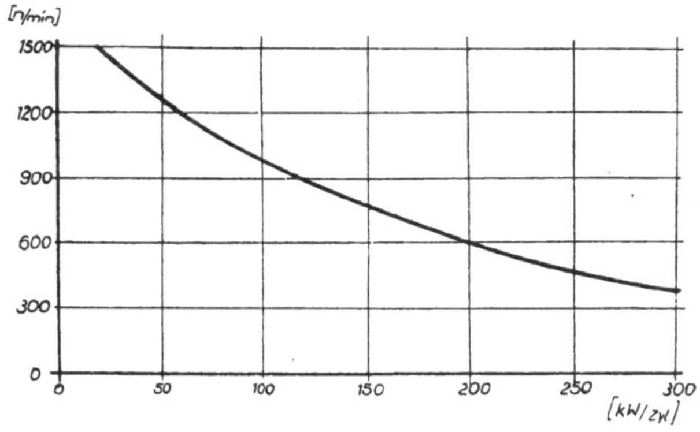

Abb. 1.

maschinen im wesentlichen begrenzt durch die mit dem Quadrat der Drehzahl steigende Größe der Massenkräfte der hin- und hergehenden Triebwerksteile und des Kolbens und durch die zur Durchführung des Arbeitsspieles erforderliche Steuerung. Gegenüber den früher gebauten Maschinen wurde durch Steigerung der Drehzahl ohne Beeinträchtigung der Betriebssicherheit und Wirtschaftlichkeit der Bauaufwand der Kolbendampfmaschine bis zu 60% herabgesetzt. Wie mehrere in den letzten 2 Jahren durchgeführte große Belegarbeiten und eine Diplomarbeit ergeben haben, könnten nach dem heutigen Stand der Technik sowohl bei der Ventilsteuerung mit Schwingdaumen als auch bei der Kolbenschiebersteuerung die Drehzahlen nach Abb. 1 nicht unbeträchtlich überschritten werden, wobei allerdings die Ventilsteuerung mit den bisher nur vereinzelt verwendeten Diffusorventilen (Abb. 2) ausgestattet werden müßte. Derartige Ventile wurden zuerst von Gutermuth bei der Ersten Brünner Maschinenfabrik-Gesellschaft eingeführt, und bei ihnen können im Ventilspalt die Dampfgeschwindigkeiten von ca. 120 m/s bis auf 200 m/s erhöht werden, ohne im Arbeitszylinder übermäßig große Drosselverluste zu erhalten. Dabei lassen sich z. B. für 300 kW Zylinderleistung Drehzahlen bis 500/min ohne weiteres erreichen. Jedoch liegen schon heute die Drehzahlen so hoch, daß eine unmittelbare Kupplung mit dem Generator oder auch mit Arbeitsmaschinen, insbesondere Flüssigkeitspumpen und Kolbenverdichtern, möglich ist. Durch den unmittelbaren Antrieb der Arbeitsmaschine wird die Betriebssicherheit erhöht, und die sonst durch die doppelte Energieumformung über elektrische Energie entstehenden Verluste werden vermieden, die vor allem bei Dauerbetrieb beträchtlich sind. Beim Antrieb von Generatoren kann der Eigenbedarf des Betriebes an elektrischer Energie gedeckt werden. Die hochwertigen Regler der Dampfmaschine, die neuerdings vielfach mit Drucköl als Hilfsenergie arbeiten, ermöglichen ohne weiteres auch einen Parallelbetrieb mit dem öffentlichen Netz. Allerdings liefern meines Wissens in Westdeutschland Industriebetriebe **nicht** in größerem Umfange elektrische Energie für die öffentliche Versorgung, aber in einer planmäßig gelenkten Wirtschaft ergeben sich hier viel günstigere Voraussetzungen. Die Eigenerzeugung elektrischer Energie kommt in drei Fällen in Frage:

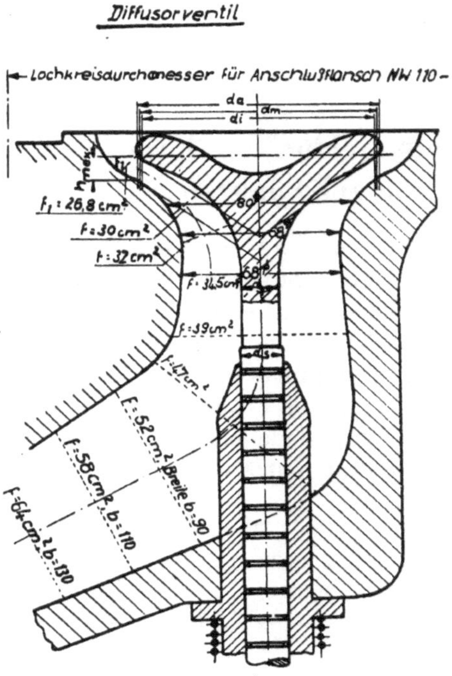

Abb. 2.

1. Für Betriebe in wirtschaftlich wenig erschlossenen, meist dünnbesiedelten Gegenden ohne elektrisches Netz (Inselbetrieb).
2. Für Betriebe, denen Abfallbrennstoffe, z. B. in Sägewerken, Möbelfabriken usw., oder besonders billige ortsgebundene Brennstoffe, z. B. Torf, zur Verfügung stehen.
3. Für alle Betriebe, die für ihre Fabrikation laufend einen beträchtlichen Wärmebedarf meist bei Temperaturen über 100° C haben, d. h. bei denen ohnedies ein Dampferzeuger aufgestellt werden muß. Hierzu gehören z. B. Nahrungs- und Genußmittelfabriken, Tierzuchtfarmen, Lederfabriken, Papierfabriken und Ziegeleien. Durch die erforderliche Temperatur des Wärmestromes ist der Gegendruck der Kraftmaschine festgelegt, der stets möglichst gering sein sollte, weil häufig die bei restloser Abdampfverwertung gewonnene elektrische Energie zur Deckung des Eigenbedarfes nicht ausreicht.

Während es in den Fällen 1 und 2 ohne weiteres klar ist, daß nur Kraftmaschinen mit dem besten Nutzwirkungsgrad aufgestellt werden sollten und für diese auch besonders vorteilhafte Exportmöglichkeiten bestehen, wird im dritten Falle häufig die Ansicht vertreten, daß bei Verwendung der gesamten Wärme des Abdampfstromes der Nutzwirkungsgrad der Kraftmaschine belanglos sei, da man ja — bezogen auf den zusätzlichen Brennstoffaufwand — die Nutzleistung mit einem Wirkungsgrad von 65 bis 80% erzeugt, d. h. mit etwa 1300 bis 1070 kcal/kWh. Diese Ansicht ist jedoch falsch, weil z. Z. noch elektrische Energie nicht ausschließlich im Gegendruckbetrieb mit Abdampfverwertung, sondern vorwiegend mit Kondensationsturbinen mit üblichen Mindestwerten von ca. 3000 kcal/kWh erzeugt werden muß. Durch Aufstellen von Kraftmaschinen mit besseren Nutzwirkungsgraden in Betrieben der Gruppe 3 kann dann mit dem ohnedies benötigten Heizdampf ein größerer Teil des Eigenbedarfs an elektrischer Energie mit ca. 1200 kcal/kWh gedeckt bzw. u. U. sogar mit diesem geringen Wärmeaufwand erzeugte elektrische Energie in Spitzenbelastungszeiten abgegeben werden.

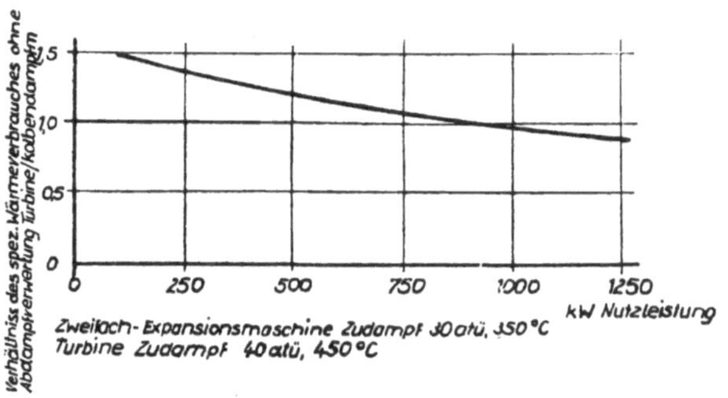

Abb. 3.

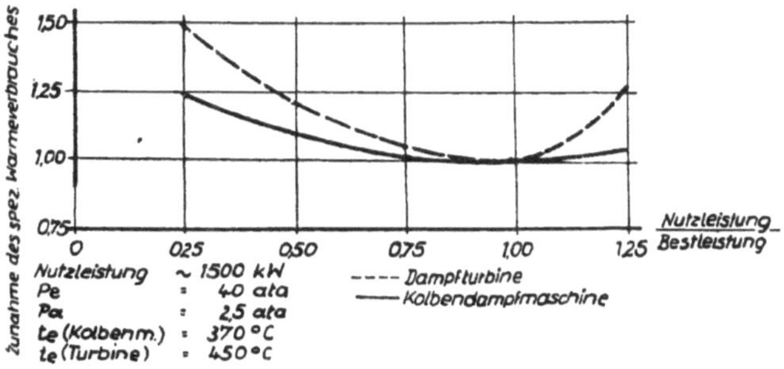

Abb. 4.

Die Überlegenheit der modernen Kolbendampfmaschine selbst gegenüber den besten Industriedampfturbinen bei Nutzleistungen bis 700 kW in bezug auf den effektiven Wirkungsgrad wurde durch viele Veröffentlichungen von technischen Überwachungsvereinen in Westdeutschland bestätigt. Bei der Kolbendampfmaschine wurden Bestwerte für den Nutzwirkungsgrad zwischen 75 und 78% gemessen. Nur bei den Dampfturbinen ist es zweckmäßig, diesen Nutzwirkungsgrad in Abhängigkeit vom mittleren Volumendurchsatz

$$V_m = G \sqrt{v_1 \cdot v_2}$$

darzustellen, wobei G der Dampfgewichtsstrom, v_1 das spezifische Volumen des Frischdampfes und v_2 das spezifische Volumen des Abdampfes bei adiabater Expansion auf den Gegendruck ist. Nahezu gleiche Wirkungsgrade von Turbinen und Kolbendampfmaschinen werden erst erreicht, wenn dieser mittlere Volumendurchsatz größer als etwa 1600 m^3/h wird, der je nach den Dampfzuständen Leistungen von 500 bis 700 kW entspricht. Selbst wenn berücksichtigt wird, daß die Turbine mit wesentlich größeren Zudampftemperaturen arbeiten kann, als es mit Rücksicht auf die Qualität des Heißdampfzylinderöles bei den gegenwärtig gebauten Dampfmaschinen möglich ist, wird der spezifische Wärmeverbrauch bei Kondensationsmaschinen ohne Abwärmeverwertung nach Abb. 3 erst bei etwa 950 kW gleich. In dieser Abbildung ist über der Nutzleistung das Verhältnis des spezifischen Wärmeverbrauchs der Turbine zur Kolbendampfmaschine aufgetragen, wobei der Frischdampfzustand für die Turbine mit 40 atü und 450° C und für die Zweifachexpansions-Kondensationsdampfmaschine mit 30 atü und 350° C festgelegt wurde.

Hinzu kommt das günstigere Teillastverhalten der Dampfmaschine gegenüber der Turbine, das für konstante Drehzahl aus Abb. 4 zu entnehmen ist. Dieses Teillastverhalten beeinflußt bei stark wechselndem Wärmebedarf und elektrischer Energieerzeugung die Wirtschaftlichkeit sehr stark. Die Überlegenheit der Kolbendampfmaschine bei Teillastbetrieb wird noch größer, wenn ein nahezu konstantes Drehmoment bei sinkender Drehzahl benötigt wird, weil sich dann das Füllungsverhältnis der Maschine kaum ändert. Konstantes Drehmoment bei veränderlicher Drehzahl benötigen die Kolben- und Drehkolbenverdichter beim Fördern gegen konstanten Gegendruck und viele Förderanlagen mit reiner Hub- oder Reibungsarbeit.

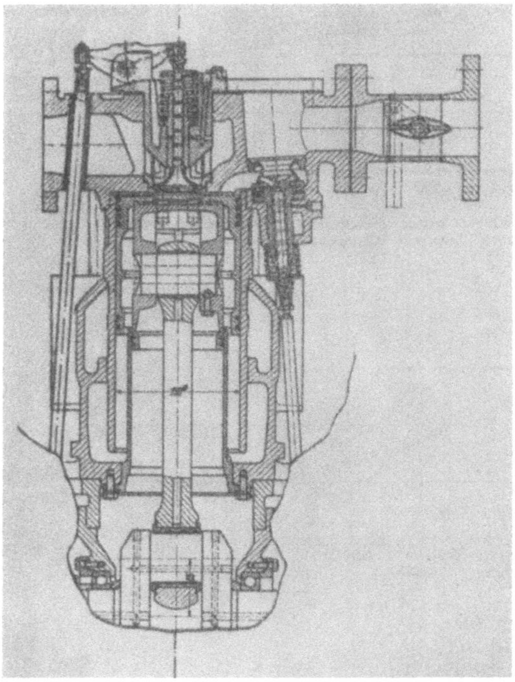

Abb 5.

Bei einem wirtschaftlichen Vergleich zwischen Turbine und Dampfmaschine müssen allerdings die verschiedenen Anschaffungskosten berücksichtigt werden. Bei den z. Z. in Westdeutschland geltenden Preisen kostet eine Anlage für 100 kW Klemmenleistung (Produkt aus Nutzleistung der Kraftmaschine und Generatorwirkungsgrad) mit Dampfmaschine 40000 DM, mit Turbine nur 30000 DM. Diese Kosten enthalten nicht nur die Kraftmaschine einschließlich Fundament, Wasser und Ölabscheider, sondern auch Stromerzeuger, Schalttafel und Montagekosten. Das Kostenverhältnis ändert sich mit wachsender Klemmenleistung noch zuungunsten der Kolbendampfmaschine. Durch ihre konstruktive Weiterentwicklung und wirtschaftlichere Fertigungsmöglichkeiten bei größeren Stückzahlen lassen sich andererseits sicher die Anlagekosten noch senken und damit der Anwendungsbereich der Dampfmaschine vergrößern.

Ich möchte nun die Frage behandeln, inwieweit die neuzeitliche Kolbendampfmaschine, die vielfach wegen der äußeren Ähnlichkeit mit Brennkraftmotoren auch als Dampfmotor bezeichnet wird, sich an die ältere „klassische“ Dampfmaschine anlehnt bzw. sich von ihr unterscheidet. Auf die Erhöhung der Drehzahl und den dadurch verringerten Bauaufwand wies ich bereits hin. Diese Drehzahlsteigerung ist jedoch nicht mit einer Vergrößerung der mittleren Kolbengeschwindigkeit verbunden, die wie bei älteren Bauarten meist zwischen 3,5 und 4,2 m/s beträgt. Man hat zwar versucht, durch ein Vermindern der hin- und hergehenden Triebwerksmassen, das bei einfachwirkenden Bauarten durch Wegfall des Kreuzkopfes und Ausbildung des Kolbens als Tauchkolben möglich ist und bei kleinen Verbrennungsmotoren ausschließlich verwendet wird, die mittlere Kolbengeschwindigkeit zu erhöhen. Besonders verdient um diese Entwicklung hat sich seit 1944 Prof. Rembold, Stuttgart, gemacht, der sowohl mit Gleichstrom- als auch Wechselstromzylindern arbeitete. Abb. 5 zeigt die Wechselstromausführung mit 170 mm Hub und 170 mm Bohrung (Hubverhältnis 1), die bei Drehzahlen zwischen 750 und 1000/min (mittlere Kolbengeschwindigkeit 4,15 bis 5,67 m/s) und Zudampf bis 24 atü Druck und 380° C, Gegendruck bis 5,5 atü untersucht wurde. Das Einlaßventil ist als leichtes Doppelsitzrohrventil ausgebildet und zusammen mit der Ventilspindel aus einem Stück Stahl gefertigt. Es wird von einem Nocken über die

Stoßstange betätigt. Obgleich die untere Sitzfläche federnd ausgeführt wurde, ließ sich kein völlig dichtes Schließen des Ventiles bei allen Wärmezuständen erreichen. Das Auslaßventil ist zentral im Zylinderkopf angebracht und als Einsitztellerventil ausgeführt. Es wird durch einen Auslaßnocken über Stoßstange und Kipphebel betätigt. Damit beträgt trotz der großen Ventilquerschnitte das Schadraumverhältnis nur 7,7%. Der Kolben arbeitet mit normalem Spiel in der im Zylinder mit Preßsitz eingepaßten gußeisernen Laufbuchse und überträgt auf sie den Gleitbahndruck. Zur Kolbenschmierung sind in der Lauffläche auf den durch den Gleitbahndruck belasteten beiden Seiten zwei Ölzuführungen so angebracht, daß der oberste und unterste Kolbenring, die als Ölabstreifringe ausgebildet sind, sie jeweils in den beiden Kolbentotlagen nicht überschleifen. Dadurch wird das Heißdampfzylinderöl im wesentlichen zwischen den beiden äußersten Kolbenringen hin- und hergeschoben. Allerdings ergaben sich bei höheren Zudampftemperaturen Betriebsschwierigkeiten, die nur durch eine Umlaufschmierung behoben werden konnten, bei der das Heißdampfzylinderöl mit zur Kolbenkühlung diente.

Durch die im Triebwerksgehäuse befestigte Trennbuchse, die in die Laufbuchse hineinragt, soll vermieden werden, daß Leckkondensat aus dem Zylinder in die Kurbelkammer und Triebwerksschmieröl in den Abdampf gelangen können. Der Kolbenbolzenträger bewegt sich mit viel Spiel in der Trennbuchse, um Doppelpassungen zu vermeiden. Das in die Trennbuchse gespritzte Triebwerksschmieröl wird durch die Ölabstreifringe des Kolbenbolzenträgers in die Kurbelkammer zurückgefördert, während das an der Zylinderlauffläche abfließende Kondenswasser nach außen abgeführt wird. Die Trennräume müssen allerdings durch große Querschnitte bei Mehrzylindermaschinen untereinander bzw. mit der Umgebungsluft verbunden werden, damit beim Abwärtsgang des Kolbens im Trennraum kein nennenswerter Überdruck der Wasserdampf enthaltenden Luft entstehen kann. Sonst gelangen beim Druckausgleich nicht unbeträchtliche Wassermengen in das Triebwerksschmieröl.

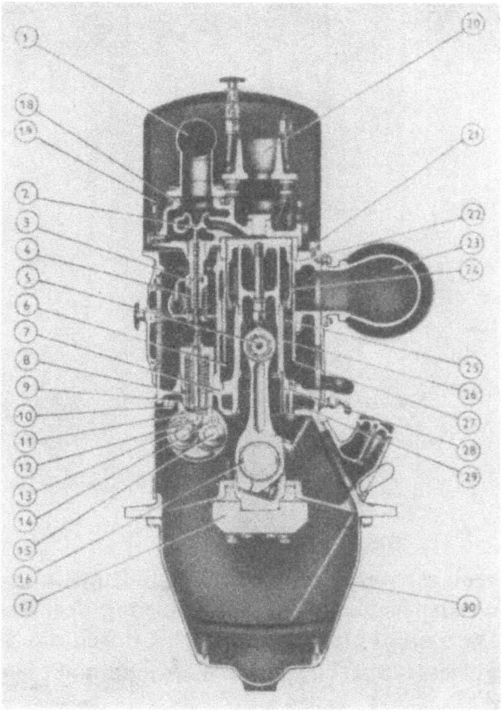

Abb. 6.

Eine Zweizylindermaschine mit Gleichstromzylindern, Hilfsauslaßventil und Trennbuchse wird von den Dingler-Werken AG in Zweibrücken gebaut. Sie arbeitet mit 19 ata Zudampfdruck und 3 ata Gegendruck (Druckverhältnis des Zudampfdruckes zum Gegendruck 6,3), 750/min und 88 kW Zylinderleistung, erreicht mithin nicht die Werte von doppeltwirkenden Maschinen.

Dasselbe gilt für den einfachwirkenden MAN-Dampfmotor mit Gleichstromzylindern (Abb. 6), der mit 3,4 oder 6 Zylindern bei Zudampf von 31 ata Druck, 400° C und 1,5 ata Gegendruck (Druckverhältnis 20,7) bei 1000/min 44 kW Zylinderleistung ergibt. Dabei wird ein Kreuzkopf verwendet, der den Seitendruck aufnimmt und der mit Triebwerksöl geschmiert werden kann. Bemerkenswert ist bei dieser Maschine die Betätigung des Einlaßventils, die durch auf zwei Steuerwellen angeordnete Nocken erfolgt. Das Öffnen des Ventils

(Voreinströmen) wird durch die Hebewelle bestimmt, die auch maßgebend für die mögliche Größtfüllung ist. Ihre Winkelstellung zur Hauptkurbel ändert sich nicht. Das Schließen des Ventiles (Füllung) läßt sich aber durch die axial verschiebbare Senknockenwelle verändern, die durch ein Schrägzahnradpaar mit der Hebewelle verbunden ist, so daß sie sich bei ihrem Verschieben gegenüber der Hebewelle verdreht. Zum axialen Verschieben wird ein Regler mit Drucköl als Hilfsenergie benötigt.

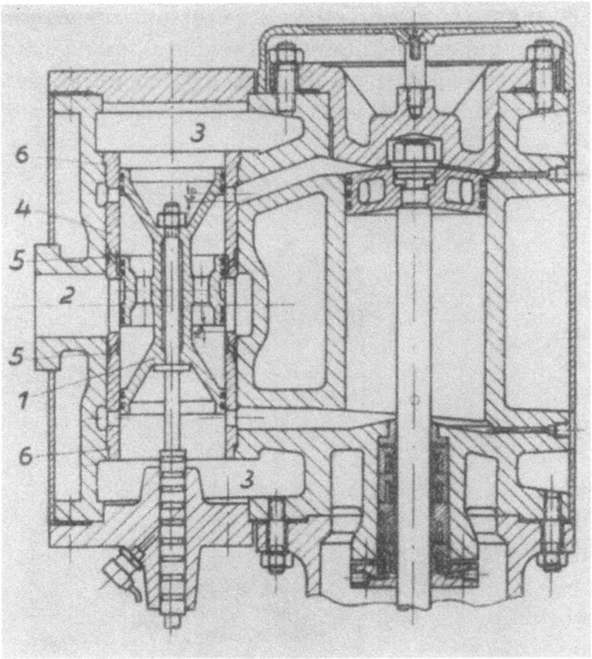

Abb. 7.

Die meisten neuzeitlichen Dampfmaschinen arbeiten, abgesehen von sehr kleinen Zylinderleistungen, sicher mit Recht, ebenso wie früher doppeltwirkend. Während man schon seit 1925 eine größere Anzahl von Maschinen mit Frischdampfdrücken von 100 bis 120 atü bei Leistungen zwischen 500 und 4000 kW baute, die sich als betriebssicher erwiesen, werden heute nur in Ausnahmefällen bei entsprechend großen Leistungen noch diese hohen Zudampfdrücke verwendet. Die meisten Dampfmotoren sind — mit Rücksicht auf die Dampferzeuger — nur für Frischdampfdrücke zwischen 15 und 40 atü ausgelegt, weil sich für kleine und mittlere Anlagen die bei höheren Drücken stark steigenden Ansprüche an die Aufbereitung des Kesselspeisewassers nicht rechtfertigen lassen.

Die Zudampftemperatur wird durch die Qualität des verfügbaren Heißdampfzylinderöles auf etwa 400° C begrenzt. Während man aber früher die ausreichende Schmierung der dampfberührten bewegten Teile durch entsprechenden Zusatz zum Frischdampf gewährleistete, geht man heute immer mehr zur unmittelbaren dosierten Schmierung für Kolben, Stopfbuchse und Schieber über (Abb. 7), wodurch die Schmiereigenschaften besser erhalten und der Verbrauch verringert werden. Das Heißdampfzylinderöl soll emulsionsfest sein, weil dadurch der Verbrauch geringer wird und es sich infolge der Bildung von größeren Tropfendurchmessern leichter wieder aus dem Kondensat abscheiden läßt. Für die Verwendung des Abdampfes darf der Ölgehalt des Kondensats oft bestimmte Größtwerte nicht überschreiten, z. B. zur Kesselspeisung 5 mg/l bei Kesseldrücken unter 20 atü. Diese Werte lassen sich mit normalen Entölern ohne weiteres erreichen. Bei direkter Beheizung in der Nahrungsmittelindustrie und Gummivulkanisation ist jedoch jeder Ölgehalt unzulässig, und für diese Zwecke ist die Entwicklung einer Maschine ohne Zylinderschmierung wichtig.

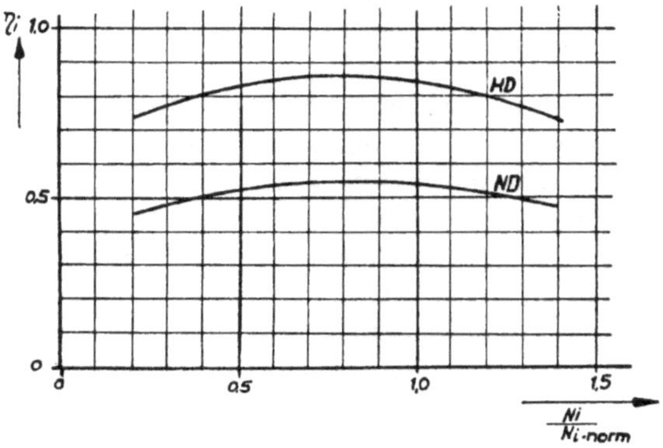

Abb. 8.

Bedingt durch die Ausführung und Bemessung der Steuerorgane und das kurze Hubverhältnis wird bei den raschlaufenden Dampfmaschinen das Schadraumverhältnis größer als bei der langsamlaufenden Maschine, und man muß mit Werten von 10 bis 25% rechnen. Der Schadraum wirkt sich nachteilig auf den Nutzwirkungsgrad hauptsächlich bei großen Druckverhältnissen zwischen Zudampf und Gegendruck aus. Die wenigen bisher in dieser Richtung bekannt gewordenen Versuche zeigen, daß z. B. bei Erhöhung des Schadraumverhältnisses von 10 auf 25% beim Druckverhältnis von 4 der Nutzwirkungsgrad der Maschine nur um 1%, beim Druckverhältnis 15 aber um über 10% absinkt. Auch aus diesem Grund ist bei modernen Gegendruck-Dampfmaschinen bei Druckverhältnissen über 10 die Zweifachexpansion gerechtfertigt. Damit wird zugleich für den Zwischendampf sowohl die Entnahme für die Fabrikation als auch die Zwischenüberhitzung durch den Frischdampf ermöglicht. Dieser kann vom Dampferzeuger mit Temperaturen von ca. 500° C geliefert und im Zwischenüberhitzer vor dem Hochdruckzylinder auf etwa 400° C abgekühlt werden, wodurch vor dem Niederdruckzylinder der Zwischendampf wieder bis auf ca. 350° C überhitzt wird. Damit ist es möglich, die Innenwirkungsgrade im Niederdruckzylinder nahezu bis auf die bisher nur im Hochdruckzylinder erreichbaren Werte zu verbessern. Die Angaben in Abb. 8 stellen keine Spitzenwerte dar, sie gelten für eine Verbundmaschine mit Ventilsteuerung, die im Hochdruckzylinder mit Heißdampf von ca. 350° C und Druckverhältnis von etwa 8 und im Niederdruckzylinder mit Sattdampf und Druckverhältnis von etwa 15 arbeitet.

Abb. 9.

Abb. 10.

Die Steigerung der Drehzahl verursacht erhöhte Beanspruchung und Reibung in allen Triebwerkslagern, deshalb verwendet man zur Schmierung und Kühlung stets Drucköl. Damit muß das ganze

Triebwerk gekapselt und sorgfältig gegen den dampfführenden Teil der Maschine abgedichtet werden. Alle diese „Kapseldampfmaschinen" ähneln sich in ihrem äußeren Aussehen. Abb. 9 zeigt eine doppeltwirkende Zweizylinder-Gegendruckmaschine mit 230 kW Zylinderleistung bei 500/min der Firma Borsig AG Berlin-Tegel, die unmittelbar mit einem zweistufigen Verdichter gekuppelt ist. Sie arbeitet mit Kolbenschiebern und einem Regler mit Drucköl als Hilfsenergie in einem Drehzahlbereich von 200 bis 500/min. Die Firma Halberg Maschinenbau GmbH, Ludwigshafen/Rhein, baut ihre stehenden doppeltwirkenden Gegendruckmaschinen ebenfalls mit Kolbenschiebern und Reglern mit Drucköl als Hilfsenergie, in Abb. 10 ist eine Dreizylinder-Ausführung mit 54 kW Zylinderleistung bei 1000/min gezeigt. Die beiden eben genannten Hersteller liefern Maschinen bis zu einer Höchstdrehzahl von 1500/min, während die Firma Mannesmann-Meer AG, Mönchen-Gladbach, nur Baureihen bis zu 750/min Höchstdrehzahl entwickelt hat. Bei der in Abb. 11 dargestellten doppeltwirkenden Vierzylindermaschine mit Kolbenschiebersteuerung fällt der große Abstand zwischen Kurbelgehäuse und Zylinder besonders auf.

Abb. 11.

Bei allen neuzeitlichen Bauarten ist das Triebwerksgehäuse mit großen seitlichen Öffnungen, die mit leicht lösbaren Deckeln verschlossen sind, versehen, um eine gute Zugänglichkeit zu allen Triebwerksteilen zu gewährleisten, z. T. wird das Gehäuse geschweißt. Bei kleinen Leistungen werden als Kurbelwellen-Grundlager auch Wälzlager verwendet, während für größere Leistungen Weißmetall-Gleitlager vorgesehen werden. Die Triebwerksteile fertigt man in Serienfabrikation mit Feinstbearbeitung aller Lagerstellen und stuft, in Anlehnung

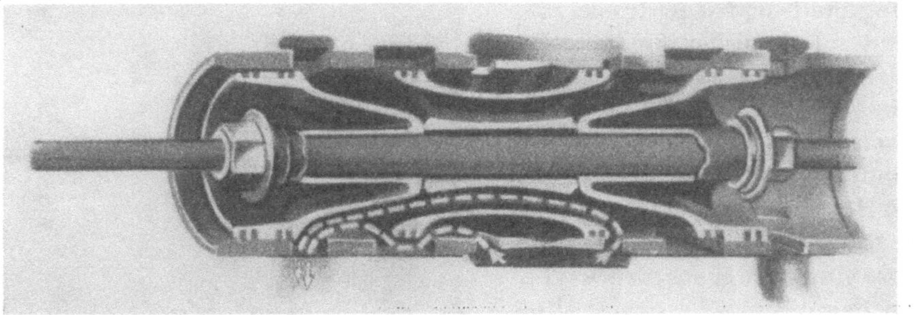

Abb. 12.

an die Einheitstriebwerke der liegenden Kolbenmaschinen, die Hübe zwischen 120 mm und 320 mm nach der R-10-Reihe auch bei stehenden Maschinen. Für den Export ist es wertvoll, daß eine rasche Instandsetzung auch mit weniger geschulten Kräften möglich ist, deshalb sind die Verschleißteile leicht auswechselbar, und damit kann der Neuzustand der Maschine einfach wieder hergestellt werden. Vielfach sieht man für die Kreuzkopfgleitbahn und die Schieber Laufbuchsen vor. Da der Kolbendurchmesser von der Höhe des Zudampfdruckes abhängt, ist eine Serienfertigung der Zylinder besonders erschwert. Zum Teil wird eine Anpassung an verschiedene Zudampfdrücke durch Laufbuchsen für den Arbeitskolben erreicht, jedoch erhöht sich dann z. T. der Schadraum etwas, und bei hohen Zudampftemperaturen können Schwierigkeiten mit den Kolbenringen auftreten.

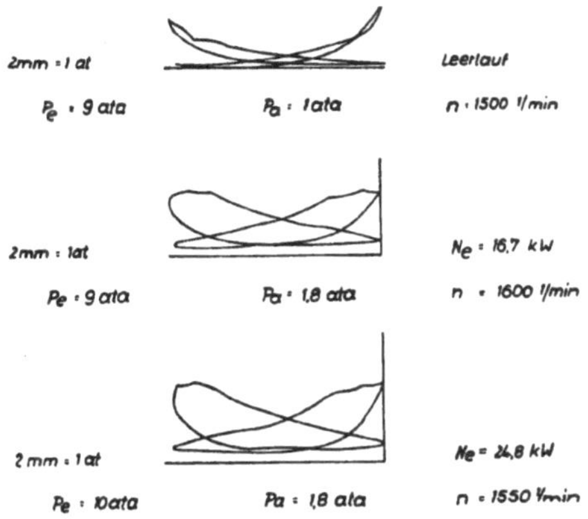

Abb. 13.

Besonders sorgfältig muß bei der raschlaufenden Dampfmaschine die Steuerung ausgebildet werden. Bei Maschinen mit Füllungsverstellung wird z. B. bei 4% Füllung und ½% Voreinströmen der Öffnungswinkel für den Einlaß nur ca. 30° Kurbelwinkel, d. h. bei 1500/min ist die Öffnungszeit nur $^1/_{300}$ sek. Die Verhältnisse sind bei gleicher Drehzahl wesentlich ungünstiger als bei den Brennkraftmaschinen. Als Steuerorgane verwendet man meist Kolbenschieber mit innerer Einströmung, die vollkommen vom Dampfdruck entlastet sind, aber geschmiert werden müssen. Sie arbeiten mit einfachem Eröffnen für den Einlaß wie in Abb. 7 oder doppeltem Eröffnen wie in Abb. 12. Einsitztellerventile und Doppelsitzrohrventile benötigen zwar bei Abdichtung der Spindel mit Kohleringen oder Labyrinth keine

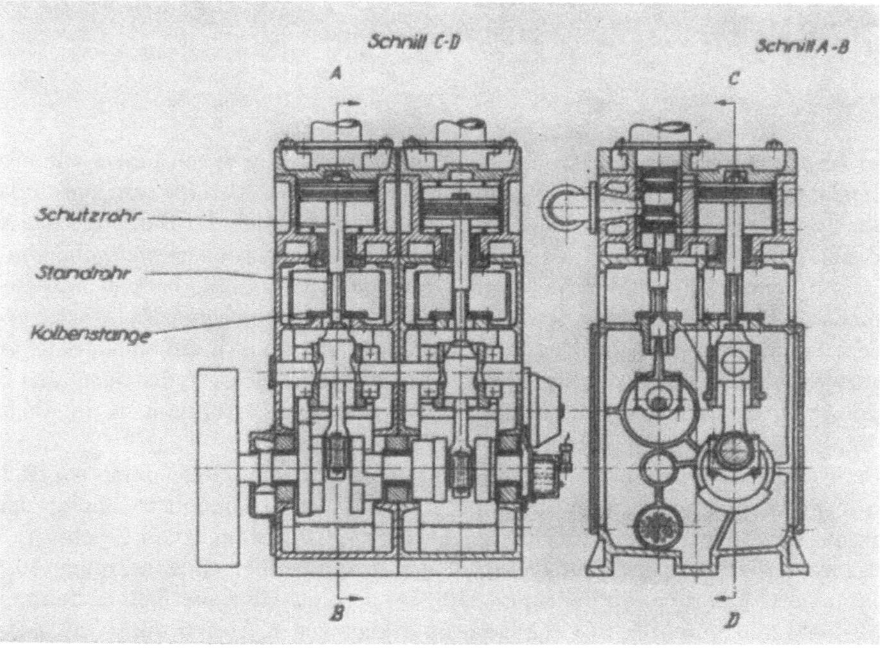

Abb. 14.

Schmierung, aber sie sind nur unvollkommen vom Dampfdruck entlastet. Einsitztellerventile können deshalb nur mit kleinen Durchmessern ausgeführt werden, bei den Doppelsitzrohrventilen ergeben sich, wie bereits erwähnt wurde, bei hohen Zudampftemperaturen Dichtschwierigkeiten an den Ventilsitzen. Daß es aber unter Beachtung der strömungs- und wärmetechnischen Erfahrungen gelungen ist, die Drosselverluste in den Arbeitszylindern auch bei 1500/min in normalen Grenzen zu halten, zeigen die Indikatordiagramme in Abb. 13, die 1951 vom Spilling-Werk veröffentlicht wurden. In kurzer Zeit werden auch im Maschinenlaboratorium der Technischen Hochschule Dresden Indikatordiagramme dieser Maschine aufgenommen werden können. Im Gegensatz zu älteren liegenden Dampfmaschi-

Abb. 15.

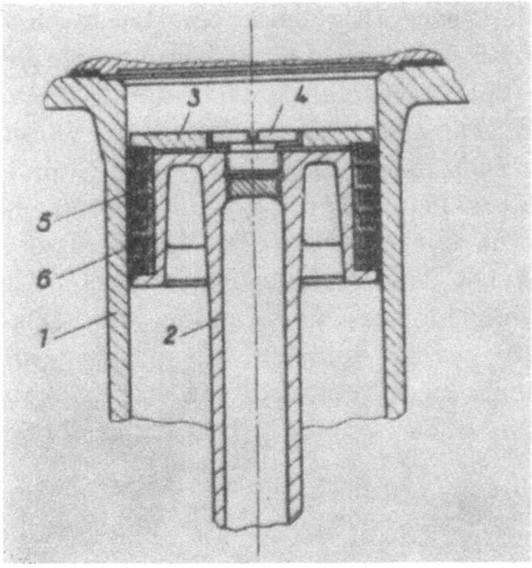

Abb. 16.

nen werden die Steuerorgane beim stehenden Dampfmotor stets durch eine besondere Steuerwelle, die meist gegenläufig zur Kurbelwelle mit gleicher Winkelgeschwindigkeit umläuft und seitlich neben der Kurbelwelle liegt, betätigt. Dadurch lassen sich die Baulänge der Maschine verkleinern und durch entsprechende Anordnung von Gegengewichten ein weitgehender Massenausgleich schon bei der Einzylindermaschine erreichen. Zweckmäßig ordnet man die Steuerwelle möglichst nahe beim Schieber bzw. Ventil an, damit die bewegten Massen der Steuerung klein werden. Ist der Massenausgleich gut, so kann der Dampfmotor auf einem Schwingfundament aufgestellt werden, wobei die Eigenschwingungszahl auf etwa $^1/_4$ der normalen Betriebsdrehzahl gelegt wird. Dann werden sowohl die Kosten für das Fundament als auch die auf die Umgebung übertragenen Kräfte und Momente sehr gering.

Der Triebwerkraum muß auch bei allen doppeltwirkenden Maschinen sorgfältig vom Zylinderraum getrennt werden, um unbedingt zu verhüten, daß Kondensat sich mit dem Triebwerköl mischt. Andererseits soll mit Rücksicht auf den Verbrauch von Triebwerköl dieses auch nicht in den Zylinderdampf abwandern. Als Beispiel einer einwandfreien Ausführung wird die patentierte Posaunenabdichtung (Abb. 14) gezeigt. Über die Kolbenstange wird ein gehärtetes Schutzrohr gezogen, das zugleich die Stange gegen Abrieb durch die Metallstopfbuchse schützt. In den Ringraum zwischen Kolben und Schutzrohr ragt das mit dem Kurbelgehäuse öldicht verschraubte Standrohr hinein. Dadurch ist sowohl ein Eintritt von Kondenswasser in den Triebwerkraum als auch der Eintritt von Maschinenöl in den Laternenraum und die Stopfbuchse unmöglich.

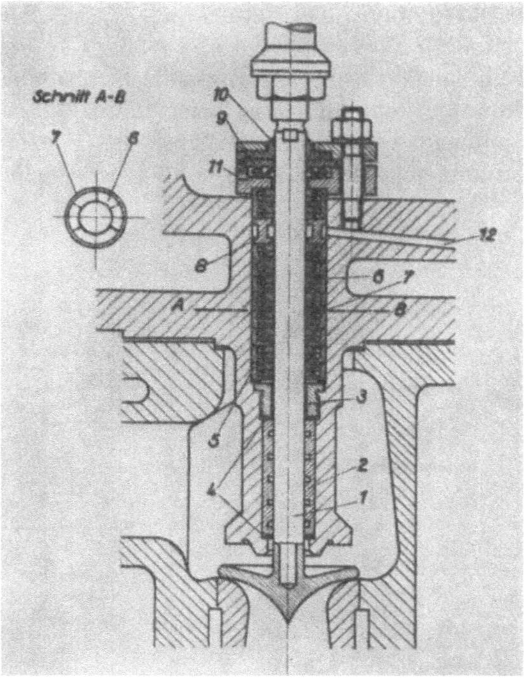

Abb. 17.

Abgesehen von den Kesseldampfmaschinen werden die Kapseldampfmaschinen stets mit stehenden Zylindern ausgeführt. Damit wird der Grundflächenbedarf nur etwa 0,01 m^2/kW und die Beanspruchung der Fundamentschrauben durch nicht ausgeglichene Massenkräfte günstig. Während man bei der langsamlaufenden Maschine die erforderliche Gesamtleistung selten auf mehr als 2 Zylinder aufteilte, da die auf 1 kg Zudampf bezogenen Wandungsverluste mit wachsenden Zylinderabmessungen kleiner werden, führt man Dampfmotoren serienmäßig bis zu 6 Zylindern aus, um mit gleichen Bauteilen einen möglichst großen Leistungsbereich zu decken. Manche Hersteller bauen mit Rücksicht auf den Massenausgleich nur Maschinen mit mindestens 2 Zylindern, z. T. ohne Grundlager zwischen 2 Zylindern. Derartige Maschinen können dann je nach dem verfügbaren Druckverhältnis von Zudampf- zu Gegendruck als Einfach- oder Zweifach-Expansionsmaschinen arbeiten.

Die Baukastenbauweise ist am konsequentesten beim Spilling-Motor (Abb. 15) durchgeführt worden, bei dem sich aus 2 Einzelzylindergrößen von 18,2 kW Nutzleistung

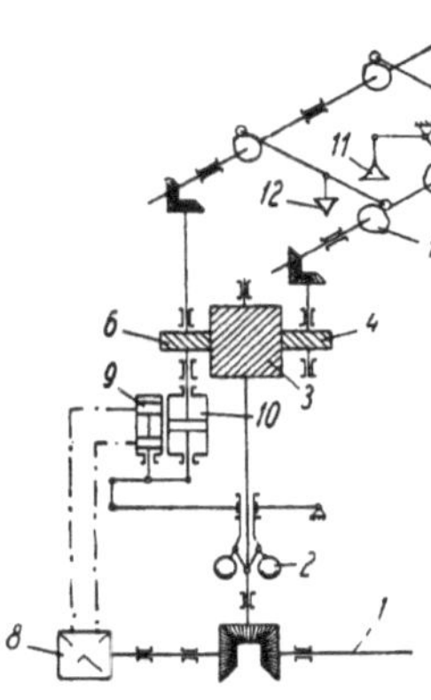

Abb. 18.

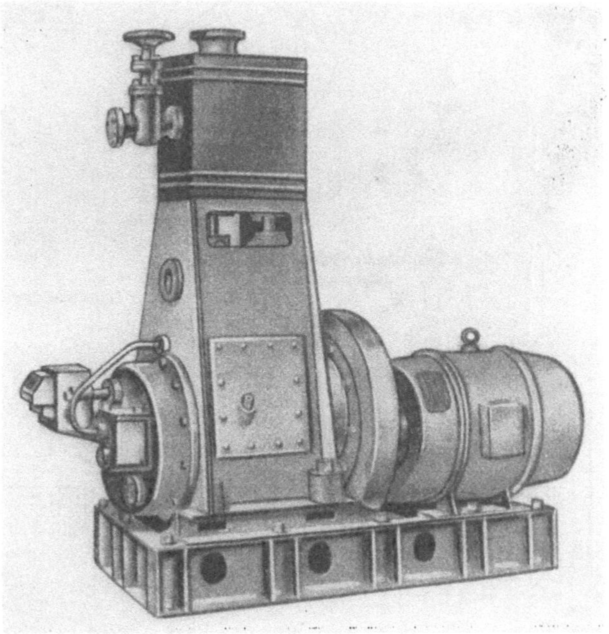

Abb. 19.

bei 1500/min (70 mm Hub) und 73,6 kW Nutzleistung bei 750/min (140 mm Hub) mit 1 bis 6 Zylindern Nutzleistungen von 18,2 bis 442 kW ergeben. Bei diesen Maschinen sind nicht nur Zylinder und Kurbelgehäuse getrennt, sondern man fertigt sogar ausschließlich Einzylinder-Triebwerkkammern, aus denen dann durch Verschrauben die 2- bis 6-Zylindermaschinen aufgebaut werden können. Auch die Steuerwellen sind aus entsprechend vielen Einzelteilen zusammengesetzt. Lediglich die Kurbelwelle besteht bei Mehrzylindermaschinen aus einem Stück und muß ausgewechselt werden, wenn die Leistung nachträglich durch Erhöhen der Zylinderzahl gesteigert werden soll. Der auf die Leistungseinheit bezogene Verkaufspreis dieser Maschinen ist allerdings besonders hoch.

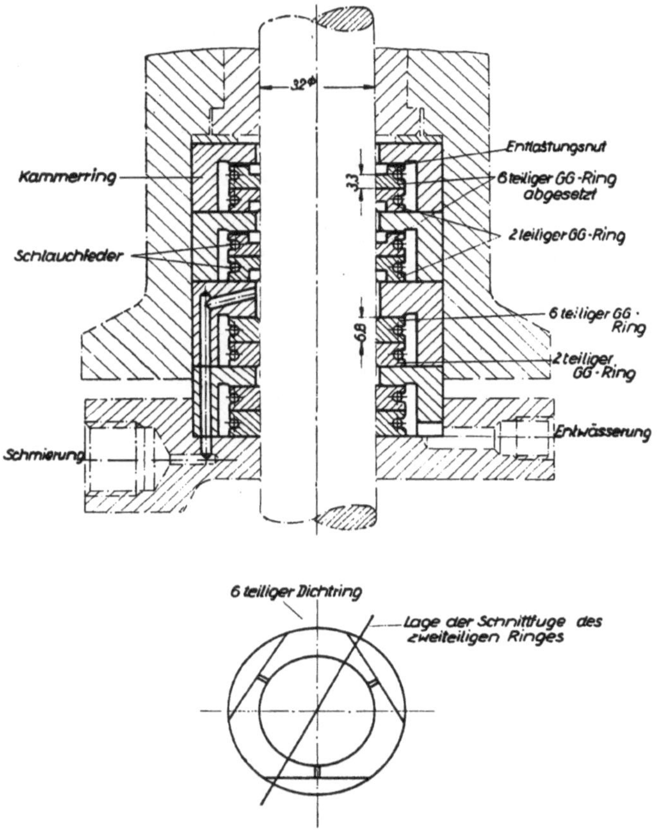

Abb. 20.

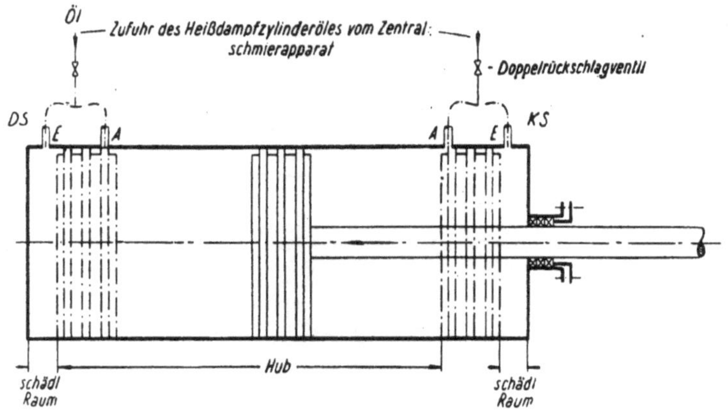

Abb. 21.

Baureihen von Kesseldampfmaschinen für Zudampf von 12 bis 18 atü, 350° C, stellen mehrere Firmen in Westdeutschland her. Es sind liegende Maschinen mit Leistungen von 20 bis 500 kW bei Drehzahlen zwischen 240 und 325/min, die mit Einfachexpansion und bei niedrigem Gegendruck als Verbundmaschinen arbeiten. Auch hier sieht man für das Triebwerk jetzt Druckölschmierung mit Filtern und Ölkühler vor. Die Kolbenstange wird durchgehend mit hinterer Führung ausgeführt. Zur Steuerung verwendet man meist Kolbenschieber, z. T. mit doppelter Einströmung.

Wird ölfreier Abdampf verlangt, sind Maschinen ohne Zylinderschmierung erforderlich. Im Jahre 1938 bauten die Skoda-Werke eine derartige stehende einfachwirkende Versuchsmaschine mit Ventilsteuerung für Zudampf mit 41 ata, 350° C und 4 ata Gegendruck, die mit 6 Zylindern, 200 mm Hub und 190 mm Zylinderdurchmesser bei 700/min mit ca. 50 kW Zy-

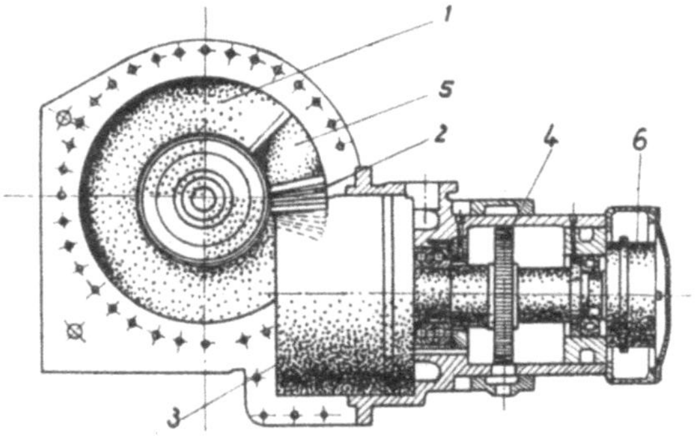

Abb. 22.

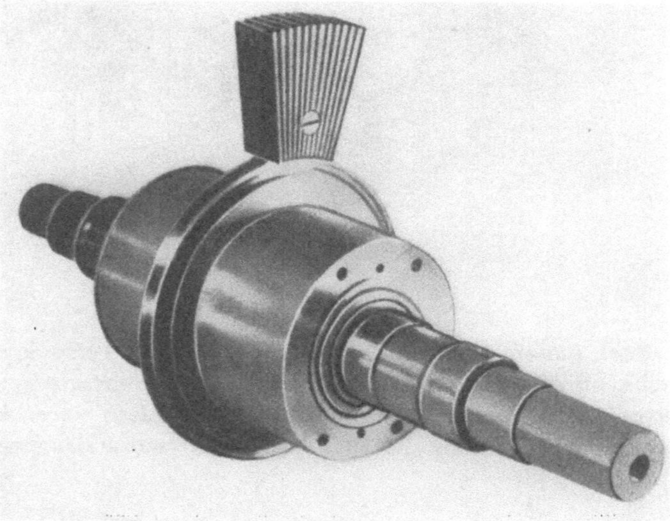
Abb. 23.

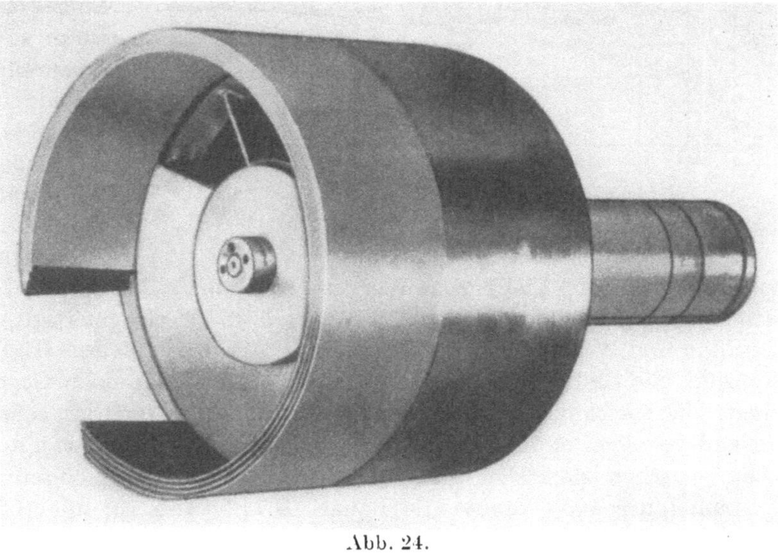
Abb. 24.

linderleistung arbeitet. Als Kolbendichtung werden 5 Kohleringe verwendet, die mit den Kammerringen zusammen entsprechend Abb. 16 bei abgenommenem Kolbendeckel auf den Kolben aufgeschoben und durch Ringblattfedern leicht an die Zylinderwand angepreßt werden. Die Abdichtung bewährte sich sehr gut. Die Maschine lief bei meinem letzten Besuch im September 1956 in der ČSR in einer Prager Brauerei, und nach Angabe des Werkmeisters halten die Kohleringe ca. 2 Jahre. Abb. 17 zeigt die mehrteilige Dichtung der Ventilspindel. Sie wird in der Kohlebuchse geführt, die gleichzeitig als Vorpackung dient, um den Dampfdruck mit Hilfe der eingedrehten Labyrinthe z. T. abzudrosseln. Die eigentliche Packung besteht aus Kammerringen mit je 2 dreiteiligen Kohleringen, die um 60° gegeneinander versetzt eingebaut, mit Blattfedern gespannt und durch Stifte gegen Verdrehen gesichert werden. Der Zwischenring wird durch eine Bohrung mit dem Gegendruckraum verbunden, so daß die letzten 2 Ringe nur gegen den Gegendruck abzudichten brauchen. Die Düsentellerventile für Einlaß und Auslaß werden durch Nocken gesteuert, wobei die Einlaßventile durch 2 Nocken betätigt werden. Das Schema für die Steuerung und

Regelung der Maschine ist in Abb. 18 dargestellt. Zur Füllungsänderung wird die Expansionssteuerwelle gegenüber der zweiten Steuerwelle, auf der auch die Auslaßnocken angebracht sind, verdreht. Bemerkenswert an dieser Maschine ist noch der Kreuzkopf mit zweiteiliger Rundführung aus Leichtmetall und Zapfenlagern aus Sonderbronze.

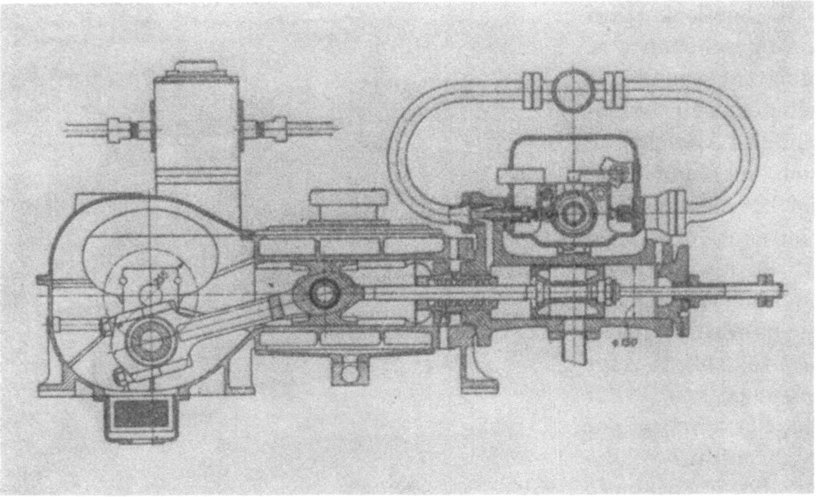

Abb. 25.

Nach diesem Überblick über den Stand der Technik im ortsfesten Dampfmaschinenbau will ich mich mit der Entwicklung und dem Bauprogramm in der DDR befassen. Die Schwierigkeiten, die hierbei überwunden werden mußten, waren besonders groß, denn von den 3 bedeutenderen Werken, die 1945 bestanden, wurde das eine demontiert und büßte alle Konstruktionszeichnungen ein, und das zweite führte als SAG-Betrieb keine wesentlichen Entwicklungsarbeiten durch. Dazu kommt ein großer Mangel an erfahrenen Konstrukteuren, so daß bis heute noch keine Typenreihe von schnellaufenden Kapseldampfmaschinen entwickelt werden konnte. Für die Entwicklung maßgebend war bis Ende 1955 VEB Konstruktion und Entwicklung für Kraft- und Arbeitsmaschinen, ab Januar 1956 VEB Schwermaschinenbau Karl-Liebknecht-Werk in Magdeburg. Es werden z. Z. nur 4 raschlaufende Bauarten im VEB Elbewerk Roßlau für ortsfeste Zwecke gefertigt, und zwar 1 Zweizylindermaschine und 3 Einzylindermaschinen mit 100 bzw. 160 mm Hub und 1000 bzw. 750/min Drehzahl. Sie sind für Zudampf mit 24 ata, 325° C und einen Gegendruck von 0,5 atü ausgelegt. Die Maschinen wurden bereits seit 1951 bzw. 1953 in größerer Stückzahl nach dem Ausland geliefert, ohne daß eine entsprechende Erprobung erfolgte oder durch Zusammenarbeit zwischen Hersteller und Betreiber die Kinderkrankheiten beseitigt worden wären. Erst im Jahre 1955 konnte die Bauart D 112 (Abb. 19) mit 100 mm Hub und 125 mm Zylinderdurchmesser längere Zeit am Prüfstand untersucht und dabei insbesondere die an

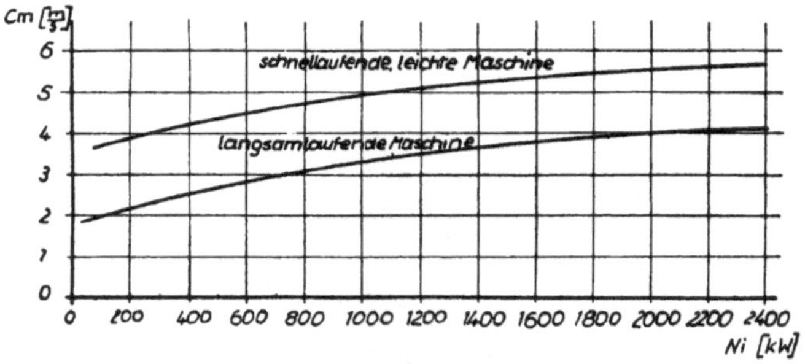

Abb. 26.

den Stopfbuchsen aufgetretenen Schwierigkeiten beseitigt werden. Abb. 20 zeigt die neue Ausführung der Stopfbuchse, die 4 Kammerringe enthält, in denen je 2 gußeiserne Liderungsringe durch je 1 Schlauchfeder mit Anpreßdrücken von 0,3 bis 0,5 at gegen die Kolbenstange gedrückt werden. Die axiale Höhe der beiden ersten sechsteiligen Dichtringe wird auf der

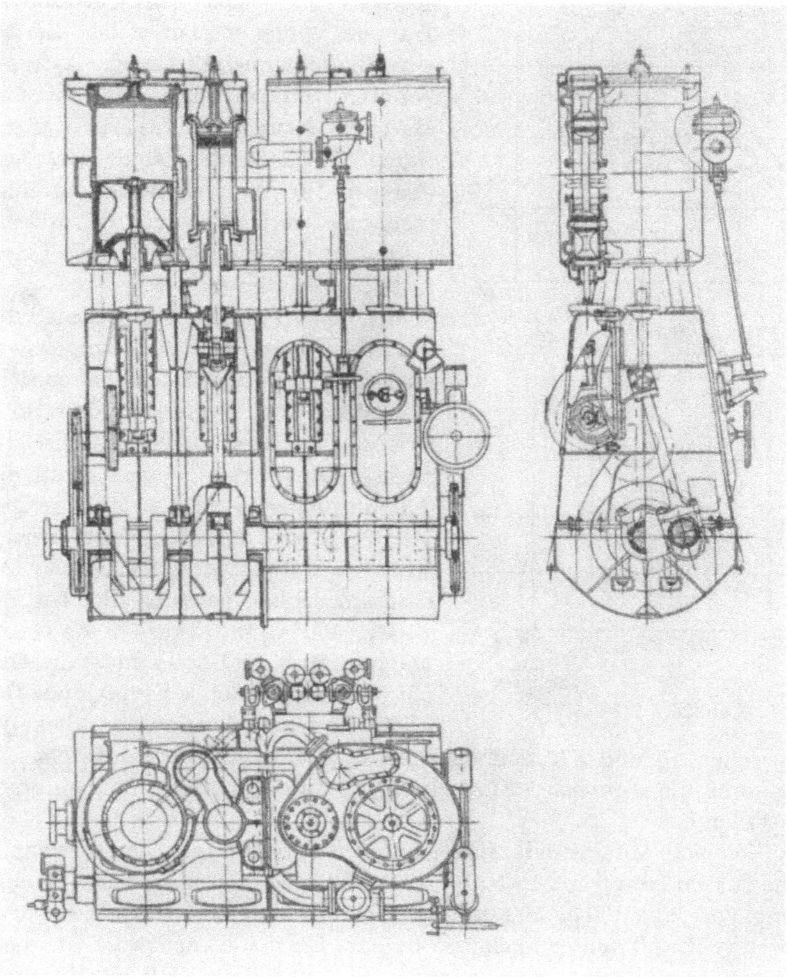

Abb. 27.

dem hohen Druck ausgesetzten Seite auf die Hälfte verringert, außerdem sind auf dieser Seite radiale Nuten angeordnet, damit ein rascher Druckausgleich mit dem Raum hinter den Ringen erfolgt und das früher mitunter aufgetretene Zerreißen der Schlauchfeder sicher vermieden wird. Die zweiteiligen Ringe kommen nach dem Einlaufverschleiß in den Teilflächen zum Anliegen und können dann durch den Dampfdruck hinter den Ringen nicht mehr an die Kolbenstange gepreßt werden. Die Kammer in den beiden ersten zweiteiligen Ringen bewirkt Druckumsetzung durch Verwirbelung und weitere Expansion des Leckdampfes.

Bei den Prüfstandversuchen erprobte man die im Werk Mücheln an einer Dampfmaschine entwickelte Hubtaktschmierung während einer Betriebszeit von 500 Stunden (Abb. 21). An die tiefste Stelle der beiden gemuldeten U-Rohre wird durch den Zentralschmierapparat über ein Doppelrückschlagventil eine ausreichende Schmierstoffmenge zeitlich beliebig gefördert. Der Querschnitt des U-Rohres ist so klein, daß das Schmieröl sicher durch den Dampfüberdruck in der Nähe der Kolbentotlagen auf den Kolben verteilt wird, ohne daß dabei merkliche Dampfverluste entstehen. Bei ausreichender Fettigkeit des Ölfilms an der Zylinderwand wurde damit der Verbrauch an Heißdampfzylinderöl von 0,4 auf 0,24 g/kWh gesenkt. Da bisher aber weder Indikatordiagramme aufgenommen noch die auftretenden Unvollkommenheiten einzeln festgestellt werden konnten, soll im nächsten Jahr eine derartige Maschine in unserem Institut weiter untersucht werden. Bekanntlich sind derartige Untersuchungen für Weiterentwicklung und Vorausberechnung wertvoll, und die Maschine ist die beste, an der die Summe der Unvollkommenheiten ein Minimum wird.

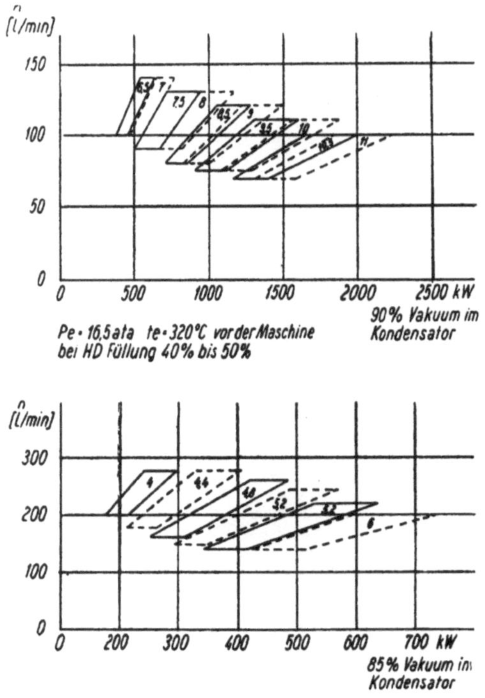

Abb. 28.

Mit der Zweizylindermaschine, die seit 1953 im Einsatz ist und die zunächst mit Gleichstromzylindern arbeitete, ergaben sich Mängel im Dampfteil und Regler, so daß für das gleiche Triebwerkgehäuse auch Wechselstromzylinder vorgesehen wurden. Versuche mit diesen beiden Ausführungen werden z. Z. durchgeführt. Vom VEB Görlitzer Maschinenbau wird noch eine stehende doppeltwirkende Zweizylinder-Kapseldampfmaschine gebaut, die bei Zudampf mit 14 ata, 300° C und 3 bis 5,5 ata Gegendruck mit 350 mm Hub und 360 mm Zylinderdurchmesser bei 350/min ca. 300 kW maximale Dauerleistung ergibt und zum Antrieb von Brikettpressen mit Drehzahlen zwischen 40 und 375/mni arbeiten muß. Sie hat getrennte Ein- und Auslaßkolbenschieber und eine gußeiserne Kurbelwelle. Die bisherigen Betriebsergebnisse sind sehr zufriedenstellend.

In nächster Zeit soll auf Grund zahlreicher Auslandsanfragen eine Zweizylinder-Krandampfmaschine für Zudampf mit 15,5 ata, 280° C und 2 ata Gegendruck für eine maximale Zylinderleistung von 22 kW bei 500/min entwickelt werden, die umsteuerbar ist und ein vollständig geschweißtes Triebwerkgehäuse besitzt. Ein Studienentwurf für diese Maschine wurde im Rahmen einer Diplomarbeit ausgearbeitet und dem VEB Karl-Liebknecht-Werk zur Verfügung gestellt. Dabei laufen Kurbel- und Steuerwelle in Wälzlagern. Für Pleuellager und Kreuzkopf ist eine Druckumlaufschmierung vorgesehen, während Zylinder, Schieber und Stopfbuchse gesondert geschmiert werden.

Kesseldampfmaschinen werden nur vom VEB Karl-Liebknecht-Werk hergestellt, und zwar 2 liegende Einzylinderbauarten. Die größere Maschine ergibt mit Zudampf von 17 ata, 325° C bei 215/min 235 kW maximale Dauerleistung, die kleinere mit Zudampf von 16 ata, 350° C bei 310/min und Gegendruck von 1,1 ata 103 kW, bei 3,5 ata Gegendruck 80 kW. An beiden Bauarten wurden in letzter Zeit nur geringe konstruktive Verbesserungen durchgeführt.

Darüber hinaus werden schon seit einigen Jahren Versuche mit einer Maschine ohne Zylinderschmierung (mit Labyrinthkolben) durchgeführt, von denen erst in allerletzter Zeit dem Arbeitskreis für Kolbendampfmaschinen einige, allerdings sehr unvollständige Angaben bekannt wurden, aus denen sich ergibt, daß nicht weniger als 3 Mustermaschinen mit

4 Zylindern in V-Form bereits bis Mai 1955 fertiggestellt waren mit 110 mm Hub und 140 mm Zylinderdurchmesser. Sie sollten mit Zudampf von 41 ata 400° C und 1,75 ata Gegendruck bei der vorgesehenen Drehzahl von 1500/min 37 kW Zylinderleistung erreichen. Bereits das Triebwerk dieser Maschinen zeigte so schwere Mängel, daß ein ordnungsgemäßer Betrieb erst nach Einbau neuer Pleuelstangen durchgeführt werden konnte. Bei Meßreihen mit Zudampf von nur 31 ata und 300° C ergaben die Labyrinthkolben Lässigkeitsverluste von 17% des gesamten Dampfdurchsatzes, und die Innenwirkungsgrade erreichten nur Werte von 50%. Wenn sich auch ein endgültiges Urteil erst dann abgeben läßt, wenn sämtliche Unterlagen vorhanden sind, so kann schon heute festgestellt werden, daß bereits bei der Konstruktion viel zuviel völlig unerprobte Bauelemente vorgesehen und die Versuche zunächst als reine Pröbelei ohne System durchgeführt wurden. Daß es möglich war, mit Staatsgeldern nach dieser Fehlkonstruktion gleich dreimal zu bauen, ist auf eine Geheimhaltung zurückzuführen, die gerade im Dampfmaschinenbau in keiner Weise angebracht ist.

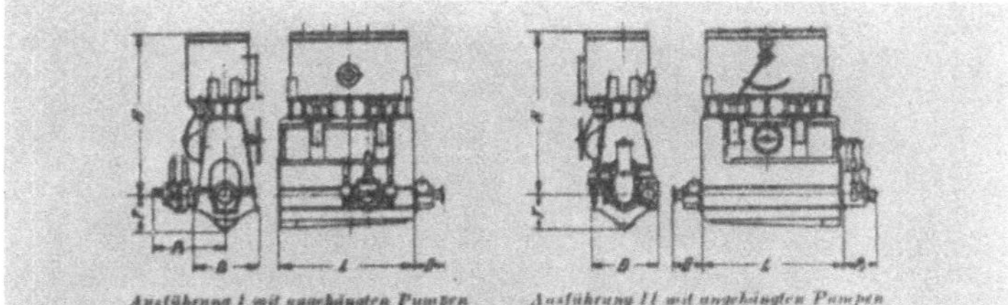

Ausführung I mit angehängten Pumpen an der Rückseite der Maschine

Ausführung II mit angehängten Pumpen an der Stirnseite der Maschine

Größe	Maschinenabmessungen $\frac{HD \times ND}{Hub}$ [mm]	Gewicht[1] t	Baumaße (mm) H	T	L	B	D	P_1	P_2
4	$2 \times \frac{185 \times 400}{400}$	7,5	2450	500	2075	1000	400	500	1100
4,4	$2 \times \frac{205 \times 440}{440}$	9,5	2700	550	2300	1100	440	550	1200
4,8	$2 \times \frac{220 \times 480}{480}$	11,8	2950	600	2500	1200	480	600	1300
5,2	$2 \times \frac{240 \times 520}{520}$	14,5	3200	650	2700	1300	520	650	1450
5,6	$2 \times \frac{260 \times 560}{560}$	17,7	3450	700	2900	1400	560	700	1550
6	$2 \times \frac{280 \times 600}{600}$	21,5	3700	750	3100	1500	600	750	1650

[1]) Die Gewichte verstehen sich einschließlich Drucklager und angehängten Pumpen.

Abb. 29.

Nun muß ich auf 2 Entwicklungen in der DDR eingehen, die sich seit 1950 bzw. 1953 mit Drehkolbendampfmaschinen befassen. Mit diesem Problem beschäftigte sich nicht nur Watt selbst erfolglos, sondern nach ihm viele tüchtige Ingenieure, u. a. Max EYTH. Auch auf der Hannoverschen Messe war 1954 eine derartige als „Kolbenturbine" bezeichnete westdeutsche Maschine ausgestellt (Abb. 22). Auf der Hauptwelle befindet sich der Drehkolben 2 (Abb. 23), der berührungsfrei in der Kolbenbahn 1 des Gehäuses umläuft. Der Drehschieber 3 (Abb. 24) wird zwangsläufig mit der Winkelgeschwindigkeit der Hauptwelle von dieser über das Zahnrad 4 angetrieben. Durch Schlitze im Drehschieber tritt der Zudampf während der Füllung in die Kolbenbahn 1 ein und expandiert anschließend in dieser, bis der Drehkolben den Auslaßkanal 5, der unmittelbar neben dem Drehschieber 3 liegt, öffnet. Dann beginnt das Vorausströmen. Die Kolbenbahn ist während dieser ganzen Zeit durch den Kragen des Drehschiebers (Abb. 24) abgeschlossen. Die Arbeitsabgabe des Dampfes ist beendet in der in Abb. 22 gezeichneten Lage des Drehkolbens, in der dieser durch die Aussparung im Kragen des Drehschiebers tritt. Sofort nach dem Kolbendurchgang schließt der Kragen die Kolbenbahn wieder ab, und der Füllungsregler 6 gibt die Zudampfzufuhr durch den Drehschieber frei. Der Abdampf ist schmierölfrei, da alle umlaufenden Teile, an die der Dampf gelangt, berührungsfrei sind. Die Maschine soll zwar bis 6000/min einwandfrei gelaufen sein, sie befindet sich aber nach neuesten Angaben des Herstellers noch auf dem Prüfstand, und es ist vorläufig nicht zu übersehen, wann sie zur Fabrikation freigegeben wird. Bei geringen Druck- und Temperaturunterschieden haben sich derartige Konstruktionen nur als Druckluftmotoren bewährt, erfordern aber auch dann sorgfältigste Fertigung.

Versuche an einer ähnlich gebauten Maschine, bei der mit insgesamt 3 Drehschiebern und Zweifachexpansion gearbeitet wird, führt das Kohlenstaub-Kollektiv beim Technischen Zentralamt der Reichsbahn seit 1953 durch. Die Maschine soll für Einzelachsantrieb der Lokomotiven dienen, aber alle bisher bekannt gewordenen Versuche befriedigten sogar bei Zudampf von nur 13 ata, 200° C nicht. Statt 120 kW Zylinderleistung wurden nur 45 kW kurzzeitig erreicht. Von diesen Versuchen erfuhr ich nur durch einen Zufall; dem Arbeitskreis für Kolbendampfmaschinen sind sie bisher unbekannt, obgleich er schon vor längerer Zeit forderte, daß ihm alle Entwicklungsvorhaben aus dem Dampfmaschinenbau von den Ministerien und dem Zentralamt für Forschung und Technik mitgeteilt werden sollten, um den Erfahrungsaustausch fördern und Fehlentwicklungen vermeiden zu können. Selbst auf dem kleinen Gebiet der Kolbendampfmaschine ist dies bisher noch nicht gelungen.

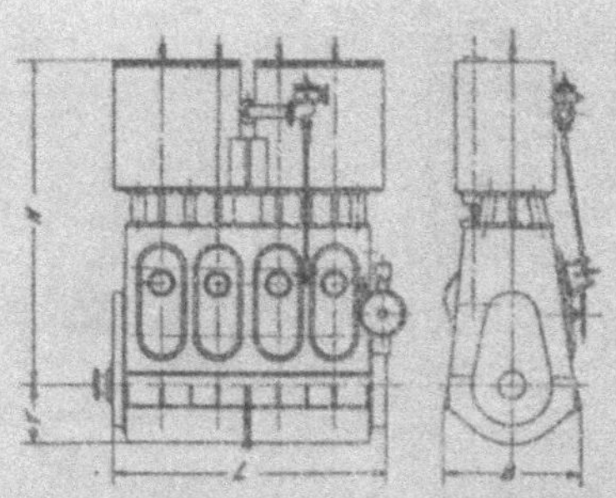

Größe	Maschinenabmessungen $\frac{HD \times ND}{Hub}$ (mm)	Gewicht[1]) t	Baumaße (mm) H	T	L	B
6,5	$2 \times \frac{300 \times 650}{650}$	26,5	4050	850	3350	1700
7	$2 \times \frac{320 \times 700}{700}$	32	4350	900	3600	1850
7,5	$2 \times \frac{345 \times 750}{750}$	38	4650	950	3850	1975
8	$2 \times \frac{370 \times 800}{800}$	45	4950	1000	4100	2100
8,5	$2 \times \frac{395 \times 850}{850}$	52	5250	1050	4350	2250
9	$2 \times \frac{420 \times 900}{900}$	60	5550	1100	4600	2400
9,5	$2 \times \frac{440 \times 950}{950}$	69	5850	1170	4850	2500
10	$2 \times \frac{465 \times 1000}{1000}$	78	6200	1250	5100	2650
10,5	$2 \times \frac{490 \times 1050}{1050}$	88	6500	1300	5400	2800
11	$2 \times \frac{510 \times 1100}{1100}$	100	6800	1350	5650	2950

[1]) Die Gewichte verstehen sich einschließlich Drucklager und angehängten Pumpen.

Abb. 30.

Auch mit einer nach dem Mehrzellenprinzip arbeitenden Drehkolben-Dampfmaschine für 73 kW wurden von 1950 an Versuche durchgeführt, die je doch trotz mehrfacher Änderungen keine wesentlichen Fortschritte brachten. Die Lässigkeitsverluste sind viel zu hoch und die Betriebssicherheit ungenügend. Diese Versuche sind erst jetzt eingestellt worden, obgleich bereits im Februar 1952 von Fachvertretern ernste Zweifel geäußert wurden, ob diese Bauart erfolgreich sein würde.

Nun soll kurz auf die Entwicklung und heutige Bedeutung der Lokomotivdampfmaschine hingewiesen werden. Die erste Typisierung der Lokomotiven führte die Deutsche Reichsbahn durch, in der nach dem ersten Weltkrieg die Ländereisenbahnen zusammengefaßt wurden. Auch deren Lokomotiven entsprachen dem damaligen Stand der Technik, und die Preußische Staatsbahn ergab z. B. 1912 für den Staatshaushalt einen Überschuß, der größer war als sämtliche Steuereinnahmen. Bei der Deutschen Bundesbahn sind z. Z. etwa 9500 Dampflokomotiven im Betrieb, davon ca. 3500 über 30 Jahre alte Länderbauarten und ca. 6000 Einheitsloks, von denen 15 Baureihen ab 1925 und 5 weitere Baureihen ab 1950 entwickelt wurden. Hierzu kommen noch 800 Dieseltriebwagen, 1000 Dieselloks, von denen allerdings 750 Rangierloks mit Leistungen unter 95 kW sind, und 500 elektrische Loks mit Leistungen bis 3200 kW sowie 175 Triebwagen. Selbst in den Vereinigten Staaten von Amerika, in denen die meisten Dieselloks laufen, halten einige Bahnen am Dampfbetrieb fest, weil bei ihnen die Frachtlage der Kohle besonders günstig liegt. Alle Einheitslokbauarten der Deutschen Reichsbahn besitzen Dampfmaschinen mit 660 mm Kolbenhub. Sie unterscheiden sich nur im Zylinderdurchmesser und im Kesseldruck, der 15 bzw. 17 ata beträgt. Durch Drucksteigerung von 15 auf 17 ata und Erhöhen der Überhitzungstemperatur bis auf 400° C ergab sich bei der Einheitslok gegenüber den Länderbauarten eine Kohlenersparnis von 15 bis 20%. Auch der Erhaltungsaufwand liegt um ca. 20% niedriger. Ohne weitere Steigerung von Druck und Temperatur ließe sich durch Einführung von Doppelvorwärmern (Rauchgas und Abdampf) und mechanisch beschickten Rosten eine weitere 15%ige Kohlenersparnis erreichen. Wie stark sich jede Kohlenersparnis auswirkt, ergibt die Tatsache, daß z. B. 1951 die Deutsche Bundesbahn insgesamt 9,2 Millionen Tonnen Kohle für 500 Millionen DM benötigte. In der DDR sind z. Z. etwa 1600 Dampflokomotiven im Betrieb, auf allen Eisenbahnen der Erde 175000 Dampf- und 25000 Diesellokomotiven.

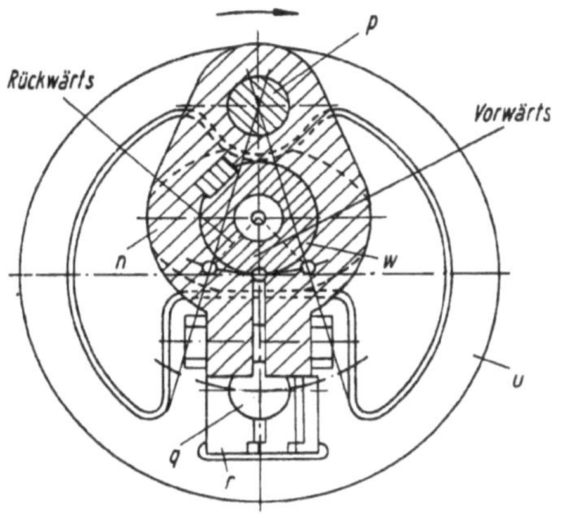

Abb. 31.

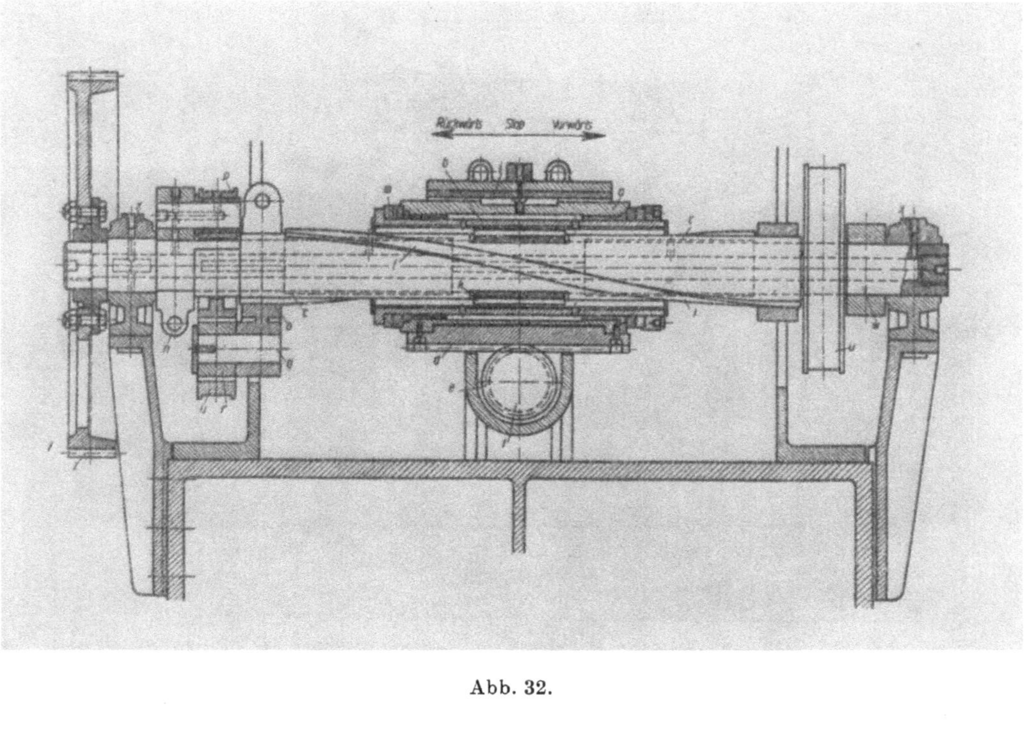

Abb. 32.

Erwähnenswert ist noch eine doppeltwirkende Lokomotivdampfmaschine der Schweizer Lokomotiv- und Maschinenfabrik Winterthur (Abb. 25, entnommen der Schweizer Bauzeitung, Bd. 128, Juli 1946), die als Dreizylinder-Auspuffmaschine für Zudampf von 61 ata, 450° C mit 255 mm Hub und 150 mm Durchmesser 145 kW Zylinderleistung ergibt. Sie hat

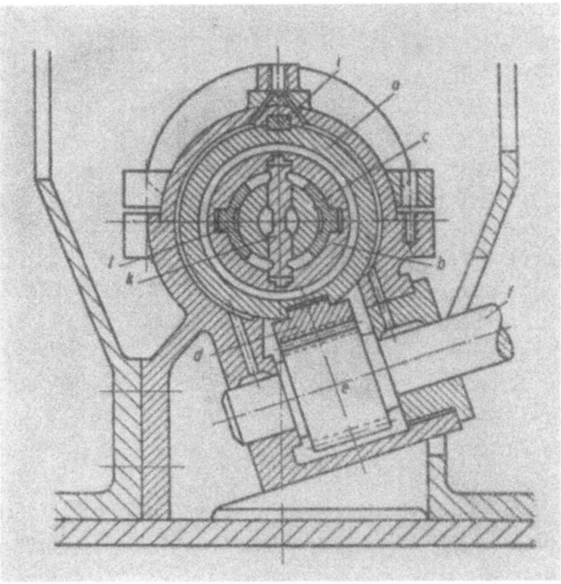

Abb. 33.

Abb. 34.

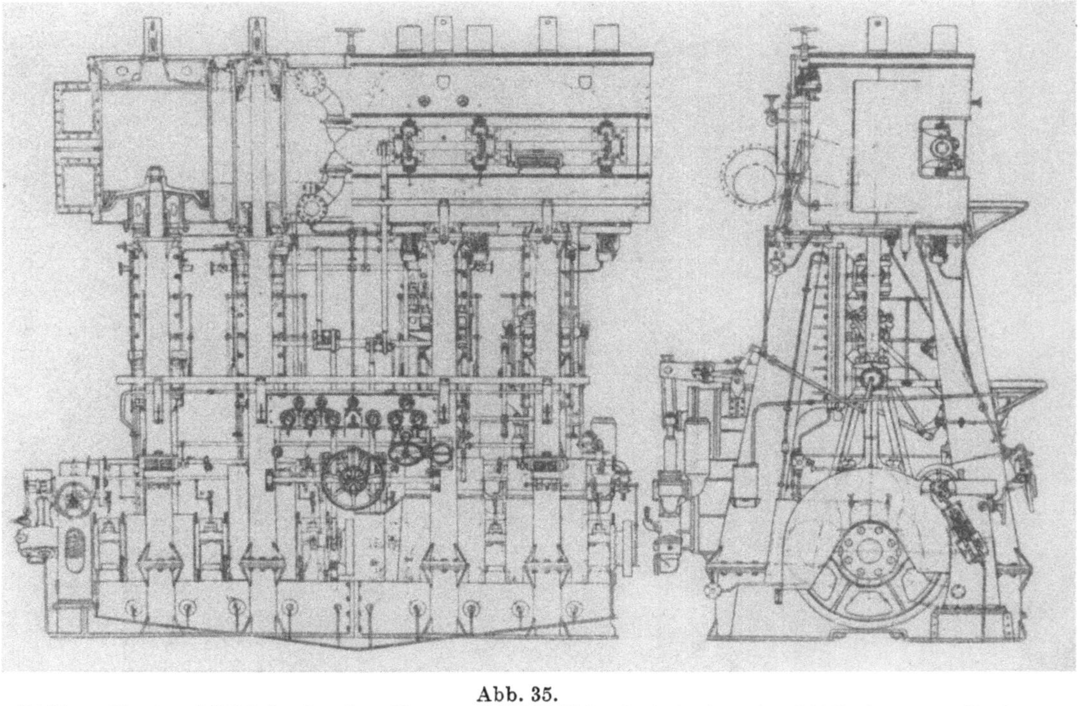

Abb. 35.
(aus Schiffsmaschinenbau, Schiffskolbendampfmaschinen von H. WIEGANG — Sonderdruck aus dem Schiffbautechnischen Handbuch — VEB Verlag Technik, Berlin (Abb. 6) 1953)

nockengesteuerte Diffusor-Tellerventile für den Einlaß und Gleichstromzylinder. 6 derartige Maschinen wurden 1946 für 3 Einzelachsantriebe in eine Lokomotive für die Französische Staatsbahn eingebaut.

Bei den feuerlosen Lokomotiven, die für den Verschiebedienst in Werken wichtig sind, die mit feuergefährlichen Stoffen arbeiten, verwendete man früher nur einen Speicherdruck von etwa 16 ata, während heute 4 Firmen in Westdeutschland feuerlose Lokomotiven mit Speicherdrücken zwischen 21 und 41 ata herstellen. Kurz vor dem zweiten Weltkrieg lieferte die Wiener Lokomotivfabrik AG, Wien-Floridsdorf, sogar 45 Lokomotiven mit 121 ata Ladedruck.

Zum Schluß behandle ich noch die Entwicklung der Schiffsdampfmaschinen in den letzten Jahren. Die Kolbendampfmaschine kommt bei Neubauten nur in Frage für Fischdampfer mit Innenleistungen bis 600 kW und kleine Frachtdampfer bis etwa 3000 BRT mit Innenleistungen bis 2000 kW. Nach dem zweiten Weltkrieg wirkten sich in Deutschland die alliierten Kontrollratsbestimmungen zunächst hemmend auf die Entwicklung aus. Abb. 26 zeigt in Abhängigkeit von der Innenleistung die mittlere Kolbengeschwindigkeit, die bei den langsamlaufenden Maschinen mit unmittelbarem Schraubenantrieb nicht höher als früher ist, aber bei Getriebemaschinen, die leichtere Triebwerkteile und z. T. geschweißte Kolben haben, werden bei größeren Leistungen Werte über 5 m/s verwendet. Mit dem Zudampf bleibt man meist bei 17 ata 320° C vor dem Hochdruckzylinder; nur wenn die Brennstoffkosten einen bedeutenden Anteil der Gesamtbetriebskosten ausmachen, geht man im Ausland in letzter Zeit am Kesselaustritt auf 51 ata, 450° C, arbeitet mit Zwischenüberhitzung durch den Frischdampf und erhält vor dem Hochdruckzylinder etwa 50 ata und 370° C. In immer größerem Umfang schaltet man auch bei uns Abdampfturbinen nach, die z. Z. etwa 30% der Gesamtleistung übernehmen, allerdings bei Rückwärtsfahrt abgestellt werden müssen.

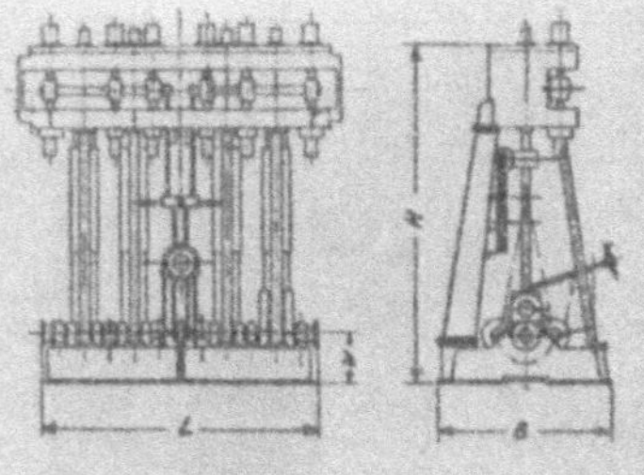

Größe	Maschinenabmessungen $\frac{HD \times ND}{Hub}$ [mm]	Gewicht[1]	Baumaße (mm)			
		t	*L*	*B*	*H*	*W*
5	$2 \times \frac{230 \times 500}{500}$	14,7	2740	1620	3000	450
6	$2 \times \frac{280 \times 600}{600}$	21,5	3200	1900	3550	535
7	$2 \times \frac{325 \times 700}{700}$	30	3650	2180	4090	620
8	$2 \times \frac{370 \times 800}{800}$	42	4250	2400	4650	720
9	$2 \times \frac{420 \times 900}{900}$	54	4780	2740	5045	775
10	$2 \times \frac{465 \times 1000}{1000}$	66	5320	3020	5650	900
11	$2 \times \frac{510 \times 1100}{1100}$	85	5750	3400	6180	980
12	$2 \times \frac{560 \times 1200}{1200}$	110	6280	3620	6690	1070
14	$2 \times \frac{650 \times 1400}{1400}$	165	7270	4210	7690	1240

[1]) Die Gewichte verstehen sich einschl. Druckwelle, Drucklager, Armatur und Drehvorrichtung.

Abb. 36.

Besondere Bedeutung für den Schiffs-Dampfmaschinenbau hat in Westdeutschland die Firma Christiansen & Meyer, deren Konstruktionen neuerdings in Lizenz in der DDR gebaut werden können. Die doppeltwirkende langsamlaufende gekapselte Doppelverbundmaschine mit Kolbenschiebersteuerung und Gleichstrom-Niederdruckzylindern zeigt Abb. 27, die ebenso wie die Abb. 29, 30, 35, 36 und 39 aus dem Abschnitt Schiffs-Kolbendampfmaschinen von Ob.-Ing. H. Wiegand des Schiffbau-Technischen Handbuches entnommen wurde. Drehzahlen und Innenleistungen sind Abb. 28 und Maschinenabmessungen, Gewichte und Baumaße Abb. 29 bzw. 30 zu entnehmen. Neuentwickelt ist bei diesen Maschinen auch die Umsteuerung, die mit verdrehbaren Exzentern arbeitet. In Abb. 31 befindet sich der Exzenter *u* in der Lage für Kleinstfüllung. Er wird durch die beiden Bolzen *p* und *q* mit der Winkelgeschwindigkeit der Kurbelwelle angetrieben und kann zur Füllungs- bzw. Drehrichtungsänderung um den Zapfen *p* gedreht werden. Dieser sitzt in einer auf der Steuerwelle *w* festgekeilten Schleppkurbel *n*. Damit ähnelt die Scheitelkurve der der Stephenson-Umsteuerung mit offenen Stangen, allerdings ergibt sie exakt einen Kreisbogen. Die Lage des Exzenters und damit die wirksame Exzentrizität sind bedingt durch die Lage des Bolzens *q* im Stein *r*, der sich in einer Aussparung der Exzenterscheibe bewegt. Der Bolzen *q* sitzt im Mitnehmer *o* (Abb. 32), der auf der inneren Verdrehhülse *c* befestigt ist. Diese greift mit 2 spiralförmigen Leisten *l*, die sorgfältig geschmiert werden müssen, in entsprechende Nuten der äußeren Verdrehhülse *b*. Beim Verstellen der Füllung bzw. Umsteuern wird durch Drehen an einem in Abb. 33 nicht gezeichneten Handrad, das auf der Umsteuerwelle *f* befestigt ist und in beliebigen Zwischenstellungen durch ein kleines Rad festgestellt werden kann, über das Ritzel *e* die auf der Verschiebehülse *a* befestigte Zahnstange *d* verschoben. Die Hülse *a* ist nicht drehbar, da sie an der feststehenden Feder *i* geführt wird. Die äußere Verdrehhülse *b* ist durch den Mitnehmer *k* (Abb. 33), der quer durch die Steuerwelle gesteckt ist, mit der Steuerwelle *w* längsverschieblich gekuppelt, d. h. beim Verschieben der Hülse *a* (Abb. 32) wird die äußere Verdrehhülse *b*, die mit der Steuerwelle umläuft, in axialer Richtung mitgenommen und dadurch eine Relativdrehung der inneren Verdrehhülse *c*, entsprechend der Steigung der Spiralleisten, bewirkt. Diese Relativdrehung der Hülse *c* wird über den Mitnehmer *o*, den Bolzen *q* und den Stein *r* auf den Exzenter *u* übertragen. Beim Füllungsverstellen beschreibt die Mitte des Bolzens *q* einen Kreis um den Mittelpunkt der Steuerwelle und der Exzenter einen Kreis um die Mitte des Aufhängezapfens *p*. Deshalb darf der Bolzen *q* nicht unmittelbar in die Exzenterscheibe eingreifen, sondern nur über den Stein *r*, damit sich die Pfeilhöhen, die durch die verschieden langen Radien entstehen, ausgleichen können. Gemessen von der Mitte der Steuerwelle wird der Öffnungswinkel der Scheitelkurve zwischen den Maximalfüllungen in beiden Drehrichtungen $2 \times 45°$.

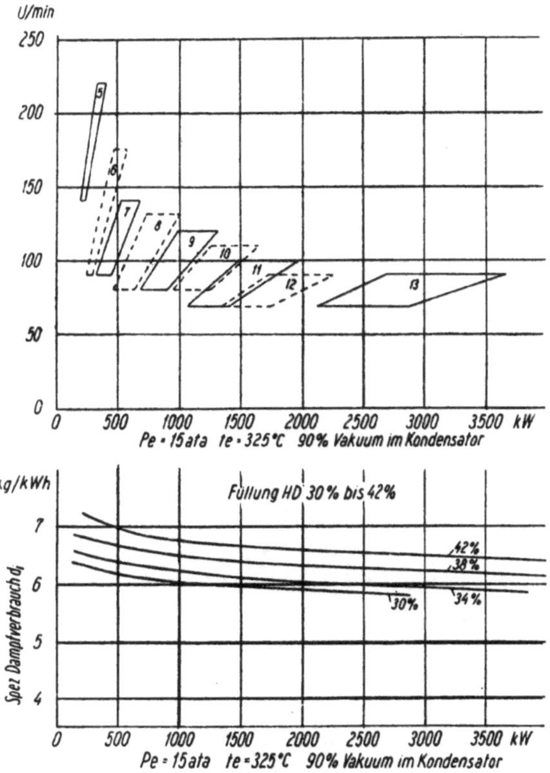

Abb. 37.

Kurze Zeit baute Christiansen & Meyer auch für Fischdampfer Getriebe-Doppelverbund-Maschinen mit Abdampfturbinen und Zylinderanordnung mit 2 Kurbelwellen nach Prof.

REMBOLD (Abb. 34), bei denen die Maschinendrehzahl von 400/min auf eine Schraubendrehzahl von 120/min herabgesetzt wurde. Bei dieser Maschine sollen sich jedoch mit dem Getriebe Schwierigkeiten ergeben haben, und aus diesem Grunde wird diese Anordnung jetzt nicht mehr gebaut, obgleich sie in bezug auf Platzbedarf gegenüber der normalen Doppelverbundmaschine beträchtliche Vorteile hat.

Die Doppelverbundmaschinen mit Ventilsteuerung nach LENTZ (Abb. 35) wurden ebenfalls schon vor dem zweiten Weltkrieg typisiert. Maschinenabmessungen, Gewichte und Baumaße zeigt Abb. 36 und die entsprechenden Innenleistungen ohne Abdampfturbine, Drehzahlen und die auf die Innenleistung bezogenen spezifischen Dampfverbrauchszahlen in Abhängigkeit von der Füllung des Hochdruckzylinders Abb. 37. Diese nicht gekapselten Doppelverbundmaschinen werden in Magdeburg im VEB Karl-Liebknecht-Werk hergestellt. Insbesondere baut man in größerer Stückzahl für die 3000-t-Frachter die Baugröße LES 10, allerdings meist mit nachgeschalteter Abdampfturbine, die etwa 30% der Gesamtleistung übernimmt. Dadurch erhöht sich die normale Innenleistung bei 94/min auf 1800 kW und die maximale Leistung auf 2060 kW. Weiter wurden die Baugrößen LES 7, 9 und 12 im VEB Görlitzer Maschinenbau konstruktiv überarbeitet. Die Baureihe LES 10 soll ersetzt werden durch eine z. Z. begonnene Neukonstruktion im Karl-Liebknecht-Werk, bei der bei einer Drehzahl von 100/min und gleicher Gesamtleistung wie bisher durch vergrößerten Anteil der Turbinenleistung und günstigere Auslegung des Dampfmaschinenteiles, bei dem der Hub von 1000 auf 900 mm verkleinert wird, der auf die Innenleistung bezogene spezifische Dampfverbrauch von 6,4 auf etwa 4,6 kg/kWh herabgesetzt werden soll. Das Triebwerkgehäuse führt man zweiteilig in Schweißkonstruktion aus, und die Gleitbahnen dienen zur Verstärkung. Alle Lager erhalten Druckölschmierung, die Maschine wird gekapselt, wobei besonderer Wert auf gute Zugänglichkeit zur Kolbenstangen-Stopfbuchse gelegt ist. Die zweiteilige, geschrumpfte Kurbelwelle kann ohne Ausbau des Zylinderblockes durch Öffnungen an der Stirnseite des Gehäuses demontiert werden. Jeder Zylinderblock enthält den Hoch- und Niederdruckzylinder, die auswechselbare Laufbuchsen besitzen. Damit keine besondere Umsteuermaschine benötigt wird, soll die Klug-Umsteuerung beibehalten werden. Die Abdampfturbine mit Föttinger-Flüssigkeitskupplung und zweistufigem Untersetzungsgetriebe bildet eine geschlossene Baueinheit, die beim Umsteuern selbsttätig abgeschaltet wird.

Abb. 38.

Auch für Dreifach-Expansionsmaschinen sind schon vor dem zweiten Weltkrieg Baureihen sowohl mit Kolbenschiebern für Hoch- und Mitteldruck und Flachschiebern für Niederdruck mit Stephenson-Umsteuerung (mit dampfgetriebener Umsteuermaschine) als auch mit

Ventilen und Klug-Umsteuerung entwickelt worden. Eine schiebergesteuerte Maschine mit 560 mm Hub und 350/540/860 mm Zylinderdurchmessern wird für Zudampf von 15 ata, 300° C und 85% Vakuum im Kondensator vom VEB Görlitzer Maschinenbau gefertigt. Sie ergibt bei 130/min eine maximale Dauerinnenleistung von 370 kW. Die Außenansicht der Maschine zeigt Abb. 38. Die 3 Zylinder sind mit der dreiteiligen gußeisernen Grundplatte an der Bedienungsseite durch 3 schmiedeeiserne Säulen, an der Rückseite durch 3 gußeiserne Ständer verbunden, an die die wassergekühlten, gußeisernen Kreuzkopfgleitbahnen geschraubt werden.

An einer Dreifach-Expansionsmaschine größerer Leistung ordnet man die Abdampfturbine nach BAUER-WACH so an, wie es schematisch Abb. 39 zeigt. Dabei betragen die Verluste bis

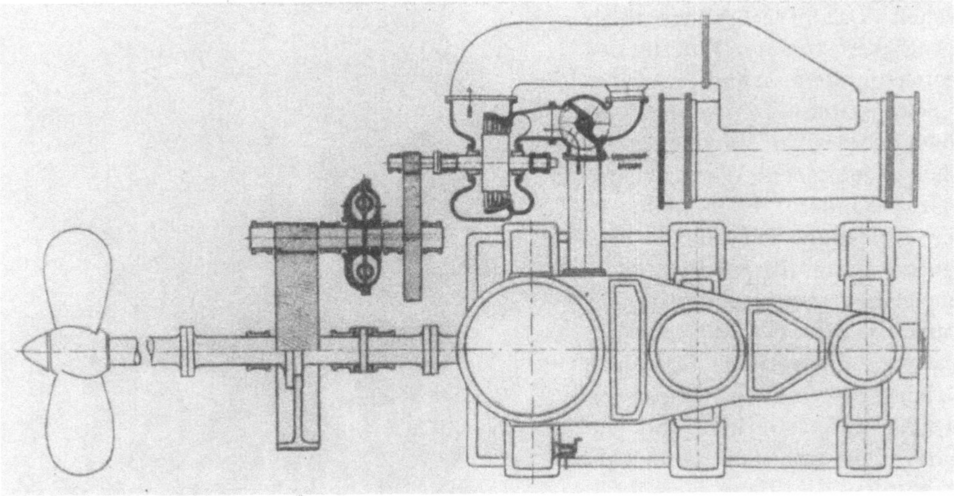

Abb. 39.

zur Schraubenwelle in den zwei Getriebeuntersetzungen und der dazwischenliegenden Föttinger-Flüssigkeitskupplung nur 6 bis 8% der Turbinenleistung.

Der internationale Stand der Technik kann im Schiffs-Dampfmaschinenbau der DDR erreicht, vielleicht überschritten werden durch die bereits vorgesehenen Entwicklungen von Diffusorsteuerorganen, schnellaufenden Getriebemaschinen und Hochdruckmaschinen mit Zwischenüberhitzung durch den Frischdampf. Es wurde aber bisher versäumt, eine Typenreihe raschlaufender neuzeitlich gestalteter ortsfester Maschinen bis mindestens 600 kW zu schaffen, für die zweifellos sowohl auf dem Inlandsmarkt als auch für den Export Bedarf vorhanden ist und für deren konstruktive Gestaltung ich einige Hinweise geben wollte. Bevor nicht diese Maschinen bis zur Fertigungsreife entwickelt sind, sollten alle Versuche, die — wenn überhaupt — erst nach langjähriger Arbeit Erfolg versprechen, zurückgestellt werden.

In der Diskussion, an der sich die Herren LICHTENHELDT, CHRISTIAN, PAUER, WIRTH, KUSE und JANTE beteiligten, werden Einzelachsantrieb, Heusinger-Steuerung, Kohleringe, Stopfbuchsen und berührungsfreie Kolben erörtert.

FSC
www.fsc.org
MIX
Papier | Fördert gute Waldnutzung
FSC® C083411

Kolibri 360 GmbH
Ferdinand-Jühlke-Straße 7
99095 Erfurt, Deutschland
produktsicherheit@kolibri360.de